历史文化保护名录工程勘察设计项目实录

1957-2015

广州市城市规划勘测设计研究院 编

中国建筑工业出版社

Foreword
序

　　单从本书的标题着眼，便可知其中所蕴含的意义之大，广州市城市规划勘测设计研究院能有计划地完成这样一本实录，也是对广州乃至广东地区文物保护工作的一种贡献，我很荣幸能为此书起笔写序。

　　广州是我国首批公布的历史文化名城之一，有着两千多年的建城历史，在城市发展中逐步形成了岭南文化中心地、海上丝绸之路发祥地、近现代革命策源地和改革开放前沿地的鲜明特色。能够维护丰厚的历史文化遗产，让遗产重新焕发光彩，体现价值，与文物保护工作者、勘察设计者的辛苦努力是密不可分的。

　　但是，在中国城市化进程的加快步伐中，仍有大量具有历史文化价值的古建筑群、单体文物古建面临着急功近利式的改造和破坏，建立保护制度、提出切实可行的保护策略、采取有效的保护措施，依然是文物保护工作者需要努力的目标。

　　广州市城市规划勘测设计研究院在本书中所收录的大部分工程项目，再现了广州地区的标志性建筑，对于广州的建设与发展具有一定的引导作用。例如，具有时代特征的沙面建筑群是西方建筑师结合岭南地区的气候环境创造出来的具有地方特点的西式建筑，既反映了当时他们本国的建筑技术与艺术，也反映了广州文化的兼收并蓄，对广州近代建筑有着重要影响；广州传统中轴线上，中山纪念堂、广州市府合署、人民公园、海珠广场等则是中国建筑师参与广州近代城市发展的代表作，是中西文化结合的产物；最具地方特色的广州西关大屋建筑、骑楼建筑更是深刻地反映了广州的经济、文化和环境风貌，其中广州市城市规划勘测设计研究院做的荔枝湾涌综合整治规划也很好，不只是景观整治，还重现了"原汁原味"的西关文化，使荔枝湾成了广州的新名片。

　　文物保护工作需要继续，要将规划内容升华到文化层面，其中广州市城市规划勘测设计研究院所担负的责任很重大。只有通过精细、富有文化内涵的规划设计，才可以建设出具有强烈识别性的精品，为城市以及居民留下可传承百年，甚至上千年的宝贵财富。所以现代城市规划建设要同文物建筑保护相结合，与独特的自然禀赋、人文景观与深厚的历史文化底蕴凝为一体，保护好、传承好、弘扬好，文化展示城市精神、提升城市档次、塑造城市形象、打造城市品牌。

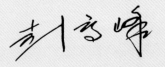

广州市规划和自然资源局局长

广州市城市规划勘测设计研究院
编审委员会

主　　编：石安海　　林兆璋　　邓兴栋　　范跃虹

副 主 编：邓国基　　黎树禧　　林　鸿　　胡展鸿

编　　辑：陈伟军　　李沃东　　赖奕堆　　周展恒　　冯雄锋

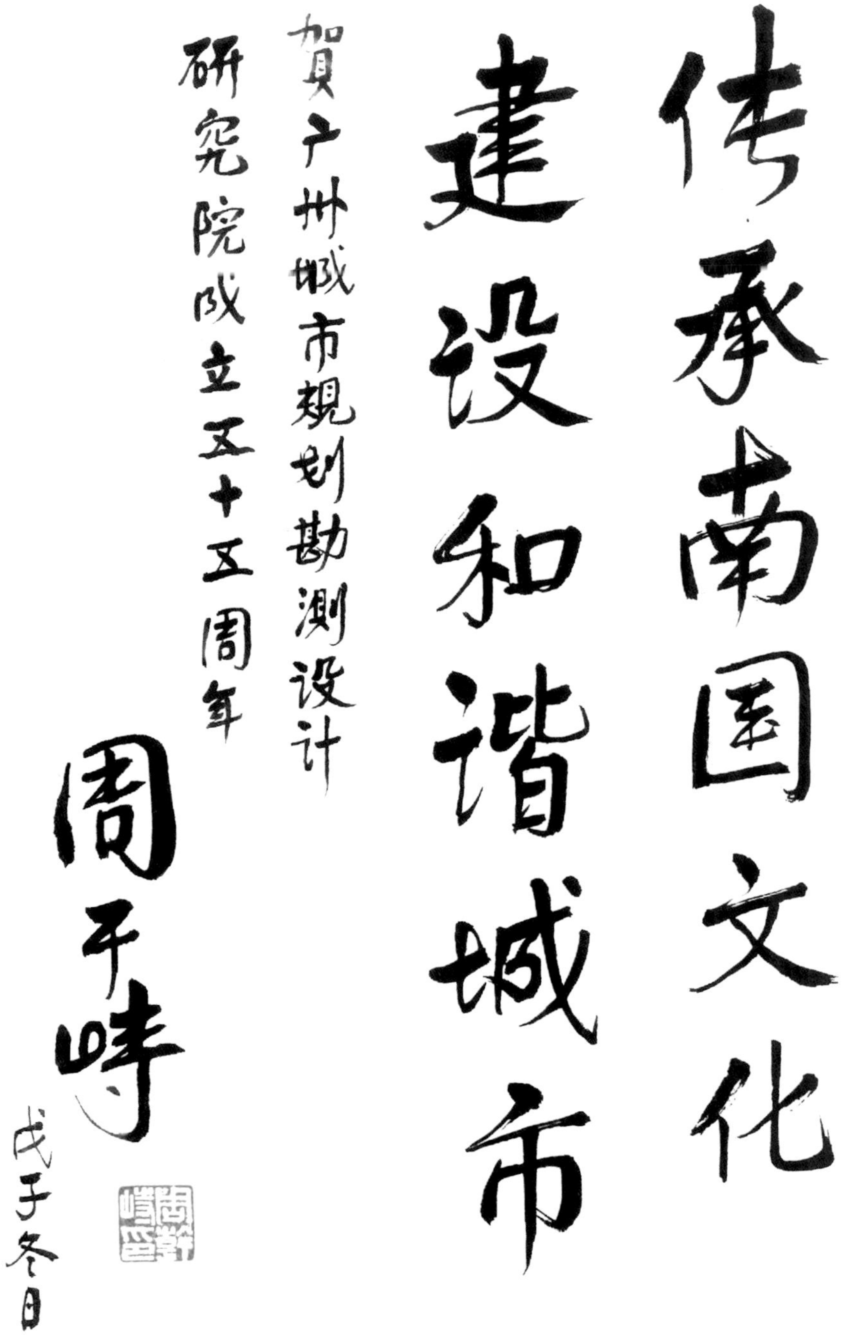

传承南国文化

建设和谐城市

贺广州城市规划勘测设计研究院成立五十五周年

周干峙

戊子冬日

中国科学院院士、中国工程院院士、中国城市规划学会理事长、原国家建设部副部长 周干峙题词

4

锐意改革 持续创新

祝贺广州市规划勘测设计研究院建院五十五周年

二千又八年十一月 赵宝江

中国城市规划协会会长、原国家建设部副部长 赵宝江题词

中国建筑学会建筑创作大奖
ASC Grand Architectural Creation Award

1949–2009

项目名称 Project Title

广州市矿泉旅舍

设计单位 Architect

广州市城市规划勘测设计研究院

中国建筑学会颁发
Awarded by Architectural Society of China

2009年12月

证 书

黄石市城市规划设计研究院、广州市城市规划勘测设计研究院：

你单位《黄石历史文化名城保护规划》项目获湖北省2013年度优秀城乡规划设计奖城市规划类一等奖。

二〇一三年十二月

奖 状

项目名称：北京路商业步行街环境整饰规划设计
完成单位：广州市城市规划勘测设计研究院

该项目被评选为"二〇〇一年度广东省城乡规划设计优秀项目"三等奖，特发此证，以资鼓励。

二〇〇一年十二月

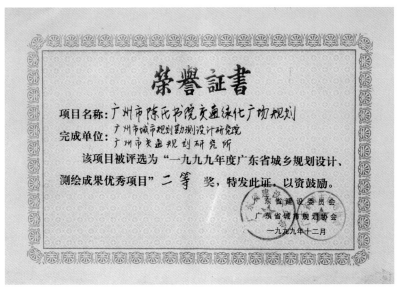

荣誉证书

项目名称：广州市陈氏书院交通绿化广场规划
完成单位：广州市城市规划勘测设计研究院
　　　　　广州市交通规划研究所

该项目被评选为"一九九九年度广东省城乡规划设计、测绘成果优秀项目"二等奖，特发此证，以资鼓励。

广东省城市规划协会
一九九九年十二月

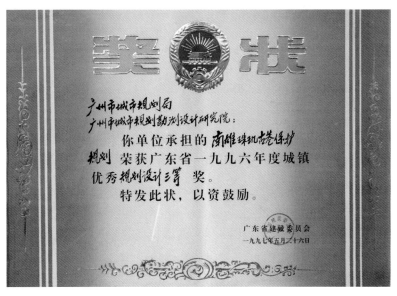

奖 状

广州市城市规划局
广州市城市规划勘测设计研究院：

你单位承担的南雄珠玑古巷保护规划荣获广东省一九九六年度城镇优秀规划设计三等奖。

特发此状，以资鼓励。

广东省建设委员会
一九九七年五月二十六日

奖 状

花园大酒店施工图设计阶段工程勘察
(含1000~1400T单桩垂直静荷载试验)

荣获省级优秀工程勘察
三等奖

广东省建设委员会
一九八七年八月十三日

获奖

广州市城市规划勘测

你单位　十香园

被评为二〇〇九年度广

特发此证，以资

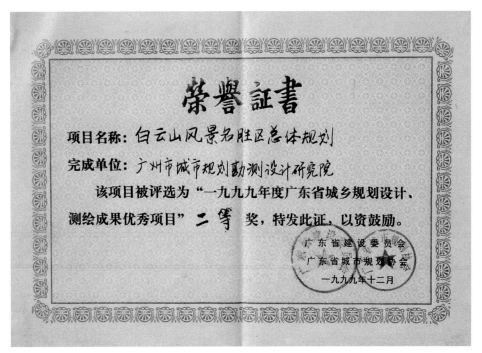

荣誉证书

项目名称：白云山风景名胜区总体规划

完成单位：广州市城市规划勘测设计研究院

　　该项目被评选为"一九九九年度广东省城乡规划设计、
测绘成果优秀项目" 二等 奖，特发此证，以资鼓励。

广东省建设委员会
广东省城市规划协会
一九九九年十二月

荣

广州市城市规划勘测设计研究院

　你单位申报的"荔枝湾及周边社区环
南特色规划与建筑设计评优活动"中荣获

主创人员：晏拥军　陈建华　赖寿华

特发此证，以资鼓励

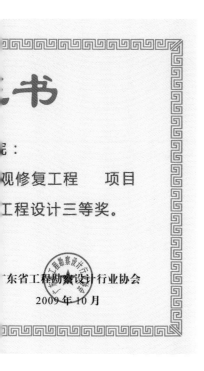

观修复工程　项目

工程设计三等奖。

东省工程勘察设计行业协会

2009 年 10 月

中国环境艺术奖

广州市城市规划勘测设计研究院

你单位完成的《广州市人民公园南广场城市"原点"标志物设计及周边环境综合改造》，经中国环境艺术委员会专家委员会评审，荣获第三届（2011）中国环境艺术奖（综合类）-最佳范例奖（规划设计）。

中国建设文化艺术协会
环境艺术专业委员会
二〇一一年十二月

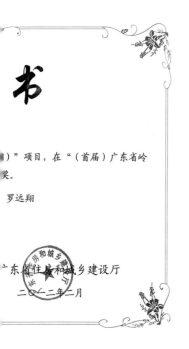

书

）"项目，在"（首届）广东省岭

奖。

罗远翔

东省住房和城乡建设厅

二〇一二年二月

奖　状

项目名称：广州沙面近代历史文化保护区整治规划
完成单位：广州市城市规划勘测设计研究院

该项目被评选为"二〇〇三年度广东省城乡规划设计优秀项目"一等奖，特发此证，以资鼓励。

广东省建设厅
广东省城市规划协会
二〇〇三年十二月

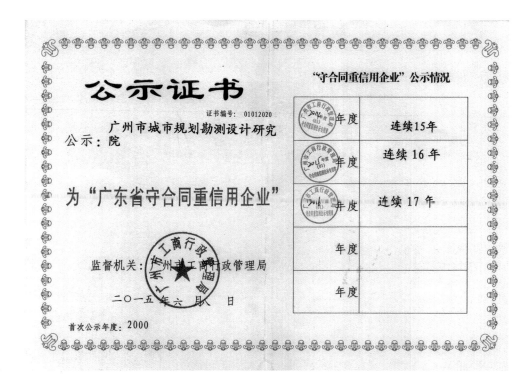

公示证书

证书编号： 01012020

公示：广州市城市规划勘测设计研究院

为"广东省守合同重信用企业"

监督机关：广州市工商行政管理局

二〇一五年六月 日

首次公示年度：2000

"守合同重信用企业"公示情况

年度	
2014年度	连续15年
2014年度	连续16年
2015年度	连续17年
年度	
年度	

测绘资质证书

单位名称：广州市城市规划勘测设计研究院

法定代表人：邓兴栋

注册地址：广州市建设大马路10号

证书编号：甲测资字4400418

有效期至：2019年12月31日

专业范围：

甲级：大地测量：卫星定位测量、全球导航卫星系统连续运行基准站网位置数据服务、水准测量、三角测量、天文测量、大地测量数据处理；测绘航空摄影：无人飞行器航摄；摄影测量与遥感；地理信息系统工程；工程测量；不动产测绘；地图编制：地形图、电子地图、真三维地图、其他专用地图；互联网地图服务。***

发证机关（印章）

2016年4月1日

国家测绘地理信息局制

文物保护工程勘察设计
资质证书

单位名称： 广州市城市规划勘测设计研究院

资质等级： 乙级

业务范围： 古建筑、近现代重要史迹及代表性建筑、保护规划。

证书编号： 文物设乙字0202SJ008

有效期： 玖年（有效期至2025年11月1日）

发证机关 广东省古迹保护协会

二〇一六 年十一 月 一 日

国家文物局制

城乡规划编制资质证书

证书编号 ［建］城规编（141196）　　　　**证书等级**　甲级

单位名称 广州市城市规划勘测设计研究院

承担业务范围　业务范围不受限制

发证机关  201 年　6 月 10 日

（有效期限：自 2014 年 6 月 10日至2019年6月30日）

NO. 0000091　　　　　　　　　中华人民共和国住房和城乡建设部印制

BEIJING ZHONGSHE CERTIFICATION SERVICE CO., LTD.

(Add. NO. 27, WANSHOU ROAD, HAIDIAN DIOTRICT, BEIJING, 100840, P.R CHINA)

OCCUPATIONAL HEALTH AND SAFETY MANAGEMENT SYSTEMS CERTIFICATE

This is to certify that the occupational health and safety management systems of:

GUANGZHOU URBAN PLANNING DESIGN & SURVEY RESEARCH INSTITUTE

（Add: ZHUJIANG PLANNING BUILDING, NO. 10, JIANSHE AVENUE, YUEXIU DISTRICT, GUANGZHOU, GUANGDONG, 510060, P. R. CHINA）

has been found to conform to occupational health and safety management systems standard:
GB/T 28001-2011 *Occupational health and safety management systems-Requirements*

The authentication scope:

★PROCESS OF URBAN & RURAL PLANNING FORMULATION, QUALIFICATION CERTIFICATE WITHIN THE SCOPE OF THE ENGINEERING DESIGN, SURVEYING AND MAPPING AND GEOGRAPHIC INFORMATION, GEOTECHNICAL ENGINEERING INVESTIGATION, GEOTECHNICAL ENGINEERING MEASUREMENT & RELATED MANAGEMENT ACTIVITIES OF GUANGZHOU URBAN PLANNING DESIGN & SURVEY RESEARCH INSTITUTE LOCATED AT ZHUJIANG PLANNING BUILDING, NO. 10, JIANSHE AVENUE, YUEXIU DISTRICT, GUANGZHOU, GUANGDONG.★

The certificate information can be inquired in the CNCA official website www.cnca.gov.cn

Primary authentication date: Apr. 16, 2012

Renewal authentication date: Apr. 15, 2015
Valid date: From Apr. 15, 2015 to Apr. 14, 2018

No.02715S10022R1M

General Manager

MANAGEMENT SYSTEM
CNAS C027-S

Note: the certificate should be only valid together with <the notice of retaining registered qualification of certification> of every year's supervised audit.

12

工程咨询单位资格证书

（工程项目管理资格）

单位名称：**广州市城市规划勘测设计研究院**

专　业	等　级	类　别	证书编号
建筑、市政公用工程(市政交通)	丙级	全过程策划和准备阶段管理（可承担全过程策划和准备阶段具体业务）	工咨丙 12320070039

证书有效期：至 2021 年 08 月 14 日

2016 年 08 月 15 日

中华人民共和国国家发展和改革委员会制

企 业 名 称：广州市城市规划勘测设计研究院

经 济 性 质：全民所有制

资 质 等 级：市政行业（给水工程、排水工程、道路工程、桥梁工程、城市隧道工程）专业甲级；建筑行业（建筑工程）甲级；风景园林工程设计专项甲级。

可承担建筑装饰工程设计、建筑幕墙工程设计、轻型钢结构工程设计、建筑智能化系统设计、照明工程设计和消防设施工程设计相应范围的甲级专项工程设计业务。

可从事资质证书许可范围内相应的建设工程总承包业务以及项目管理和相关的技术与管理服务。******

工 程 设 计
资 质 证 书

证书编号：A144000133

有 效 期：至 2018 年 10 月 18 日

发证机关

中华人民共和国住房和城乡建设部制

2017 年 01 月 22 日

No.AZ0030217

Contents
目录

建筑篇

勘测篇

规划篇

01

广州历史建筑改造与利用（2001年）
The Renovation and Utilization of the Historical Architectures in Guangzhou
代表广州市政府向联合国科教文组织汇报方案

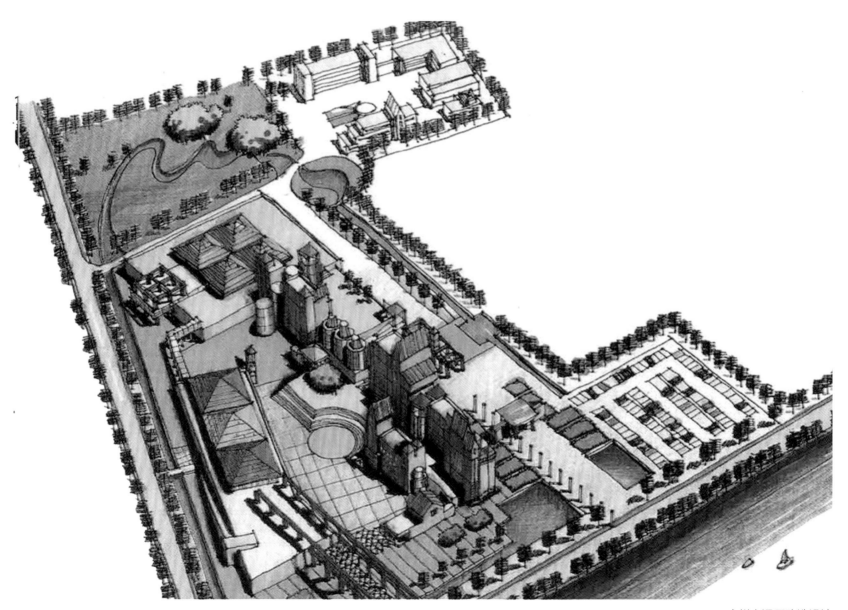

广州水泥厂改造设计

广州鹤洞水泥厂

一、鹤洞水泥厂现状

鹤洞水泥厂位于广州市芳村区广州花卉博览园规划用地的西南角，是建于 20 世纪 90 年代初的小型水泥厂，现已废弃停产。厂区占地约 5.4 公顷，地势平坦，南临珠江支流。大部分厂房为多层框架结构，保存较好，尚可继续利用。

二、改造依据

在研究了厂区建筑的现状、厂区与周边环境的关系及公园整体景观效果和功能需求之后，并基于国外对旧建筑改造再利用的经验，我们认为，原有建筑群不宜拆除，建议进行改造，调整功能加以再利用。原因有以下几点：

1. 原有建筑保存良好，结构合理，具备再利用的物质基础，如果就此拆除重建，会造成经济上不少的浪费。

2. 虽然建造年代很近，不具备文物价值，但其特殊的体型和正处江边的位置，使之一直以来都是花卉博览园用地范围内的标志性建筑。地域上特殊角色，使保留它具有文化上的意义。

3. 厂区位于花卉公园的一侧，面临珠江，便捷的水陆交通使其改造为公共建筑成为可能。

4. 花卉公园规划占地 260 公顷，园中辟有大片景观防护绿地和花卉生产展销用地，建筑不多，且多为低层。从整个园区的景观效果和空间组织的角度看，需要一个制高点起到标志性的作用。水泥厂高耸的几何体型，恰恰符合这一要求。

Guangzhou Hedong Cement Factory

I. The Present situation of Hedong Cement Factory

Hedong cement factory is located in the southwest corner of the land of the Guangzhou Flower Exhibition Park in Fangcun district, Guangzhou.

This factory was established in 1990's, it has been abandoned recently. The flat land occupies an area of 5.4 hectares. Facing the Pearl River tributary in the south. Most of the buildings are constructed by reinforced concrete. They are kept well to be utilized.

II. The basis of the renovation

Studying the present situation of this factory, the relationship between the surrounding area and the whole view and functional needs of the park, and using the experience of foreign countries as a reference, We suggest that the old buildings can be rebuilt and utilized instead of being demolished. Mainly for the following.

reasons:

1. The old buildings are kept well, with strong structure, they are valuable to be used again. It is kind of waste if they are demolished

2. Though these buildings are built in recent years (they are not old historical relics), its special shape and river bank location

5. 花卉博览园以"花卉展销观光旅游"为建设模式，集花卉产供销于一体，又是欣赏珠江三角洲水乡风光的博览公园。现代生活的多样性需要一个相对集中的娱乐休憩服务场所，作为公园功能的扩展和补充。

6. 以点带面的开发，创造综合的经济价值。在满足开发业主的利益的同时，也照顾到当地居民的利益。花之乐园的自身建设可以促进当地的经济发展，创造更多的就业机会，而其自身得以发展的同时又可带起周围地块的开发价值，从而带动一个地块甚至一个地区的发展。

7. 对现有资源的合理化和多层次、多方位的利用的范例，在当前国情下有很大的现实意义。

三、改造的基本构思

以满足人们游憩、休闲、娱乐和服务需求为主的目的，同时紧扣花卉博览园的花卉主题，在水泥厂旧址建造一个花丛中的综合性乐园——花之乐园（暂命名）。改造的宗旨在于尽量少地拆除原有建筑，尽量多地保留原有地域特点，尽量不做大的结构改造和大规模的墙体拆除，尽量维持基地内的原有地貌。

四、功能分区布局与外形构思

分区布局分为（1）入口区；（2）主题曲；（3）核心娱乐区；（4）休息区；（5）郊野风光区；（6）培训区。三种不同风格的外形：荷兰风格、岭南风格、现代风格。

made it to be the symbolic architecture in the Flower Exhibition Park. The special location kept its culture value.

3. This factory is on one side of the Flower Park. Facing the Pearl River, its convenient communication condition makes it possible to be rebuilt into a public use structure.

4. The plan for the land of the Flower Park will be 260 hectares. In the park there will be large areas of green land and flower planting and displaying area with very few buildings. The Height of these buildings are limited. To create a symbolic architecture, we need a viewpoint to enjoy such a peaceful environment. The high geometric shape of the factory building just satisfied this requirement.

5. The Flower Exhibition Park will be built into a park for flower exhibition and touring, from which people can both enjoy the flower planting, displaying and the beautiful water town scenery of the Pearl River Delta. The modern life style needs a relatively concentrated entertainment service place as the expansion and supplement of the park function.

6. This is a way of developing economy from a small point to a big area, and creating a general economic value. To take care of the benefit of the local people while satisfying the needs of the developer. The self-building of this area may improve the local economic development, create more job opportunities. And the self-developing may also improve the value of the surrounding area, the district and even the whole area.

7. This is a good example of utilizing the available resources in a reasonable and general way. it has great realistic meaning at present in our country.

III. The basic design

A "Recreational Park of Flowers" (temporarily named) will be built in the old location of the cement factory, take the flowers in the Flower Exhibition Park as the main body, to meet the rest, recreation, entertainment and service need of the people. Try to demolish the old buildings as few as possible, try to keep the present characteristics as more as possible. Try not to rebuilt the structure and demolish wall, try to keep the old style of this area.

IV. Function division and style design

There will be 6 functional areas: (1) entrance area; (2) main body area; (3) core entertainment area; (4) rest area; (5) field scenery area; (6) training area.

Three different styles: Netherlandish style, Cantonese style and Modern style.

广州水泥厂改造设计——岭南风格

广州水泥厂改造设计——现代风格

广州水泥厂改造设计——荷兰风格

旧建筑是历史的见证，其价值主要体现在经济价值和文化价值两个方面。对历史建筑的重新改造利用，既实现了其经济价值的转移，又体现了其文化价值的延续，对城市发展的持续性有深远的影响，因而对历史建筑的改造与利用问题受到普遍关注。

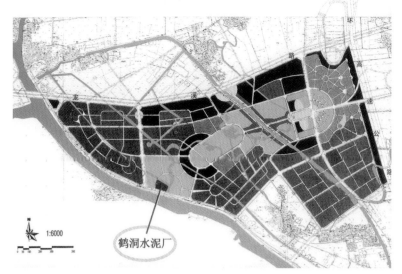

广州水泥厂位置图

广州水泥厂改造概念设计

广州西关商业步行街

Xiguan Business Pedestrian Street in Guangzhou

广州荔湾旧称"西关"，历史上是洋商巨贾、官宦豪绅聚居之地。自明清以来，广州就是对外贸易商业中心，而"西关"成为西方文化、习俗传入的窗口，使其民族风情、文化增添了几分异域色彩。"西关"地区最具商业异彩的一处就数处于商业繁盛的黄金地段的上、下九路。而上、下九路最具代表性的商业建筑就是骑楼式建筑。

广州市政府本着继承和发展这一岭南特色的商业文化和开拓理念，重新改造和利用，使上、下九路成为商业步行街，在保护原有历史文化建筑的基础上，形成了热闹的现代商业购物中心。

In old time, Liwan District in Guangzhou Was called "Xiguan", it was the inhabitancy area of the domestic and overseas officials, rich people and businessmen. It has been the foreign trade center in Guangzhou since Ming and Qing Dynasties. Since "Xiguan" had become the window of the western culture here influenced by the folklore and business culture which had been enriched by the Cantonese characteristics, the most symbolic Roads is the Shangxiajiu Roads which is called the golden avenue for its prosperous business. And Arcade-house (Qi lou) is the most symbolic style among all those business architecture.

In order to inherit and develop this unique Cantonese business culture, the municipality of Guangzhou decided to rebuild the Shangxiajiu Roads into a business pedestrian street. A prosperous modern shopping center has been formed on the basis of protecting the present historical business architecture.

骑楼商业街

民国时期的上、下九商业街

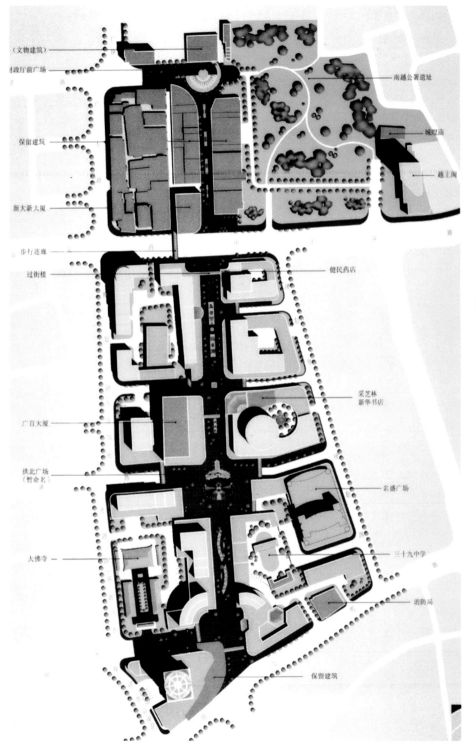

（文物建筑）

财政厅前广场

保留建筑

新大新大厦

步行连廊

过街楼

广百大厦

拱北广场
（暂命名）

大佛寺

南越公署遗址

城隍庙

越王阁

健民药店

采芝林
新华书店

名盛广场

三十九中学

消防局

保留建筑

北京路改造总平面图

改造前的北京路

改造后的北京路

广州市北京路商业步行街

Beijing Road Business Pedestrain Street in Guangzhou

北京路是广州老城区的传统商业中心之一，从秦汉时的番禺城开始，广州古城由北向南扩展，历经各个朝代，北京路始终是古城发展的中心轴线。从隋唐开始，北京路一带就是商贾云集和店肆林立的中心地区。民国以后，城市重心西移，起义路成为广州的近代发展轴线。近年来，城市又向东扩展，形成以广州大道为轴线的天河新区。尽管面临其他市级商业中心的竞争，北京路仍然是广州市主要的市级商业中心。

北京路北端的财厅大楼和南端的中央银行大楼属文物保护优秀建筑物，附近还有国家级文物保护单位——南越宫署遗址，对北京路的改造既要保护原有的文物，又要对破旧建筑进行改造利用，使其成为新的商业步行区，建成后具有商业、办公、娱乐、饮食、休闲多种功能。

Beijing Road is one of the traditional business center of the old city area in Guangzhou. Started from the Panyu Town in Qin & Han Dynasties. the old Guangzhou expanded from north to the south gradually Dynasties. Beijing Road had been a business center with lots of shops and business gathering. Since Minguo Period. the center of the city moved to the west. Qiyi road had been the new axis of neoteric development of Guangzhou. Recently, the city expanded eastwards, forming Tianhe new district with the Guangzhou Grand Avenue as the axis. Though facing the competition of the new areas, Beijing Road is still one of the main city-level business center.

The financial hall at the north end of the Beijing Road and the Center Bank building at the south end are excellent buildings protected as the culture relics. Nearby, the old site of the Nanyue Palace is a nation-level culture relics. The rebuilding of the Beijing Road into a new business pedestrain area with multiple functions of business, entertainment, recreation, etc. should meet the needs of protecting the present historical relies and rebuilding the old damaged buildings.

02

广州沙面历史文化保护区保护规划（2002 年）
Guangzhou Shamian Island Buildings Conservation Planning

广州沙面近代历史文化保护区整治规划（2004 年）

2003 年度广东省城乡规划设计优秀项目一等奖

2003 年度建设部优秀城市规划设计三等奖

沙面岛鸟瞰（2017 年）

日本住宅 队联俱乐部 英联使馆 购伴洋行 乐士洋行 丹领事馆 同和洋行及瑞士领事馆 英国俱乐部 正金银行 时昌洋行 屈臣氏洋行 日本洋行 英国贸易洋行 美国万国银行 三井洋行 日本长良食堂 前田洋行 台湾银行 英医院 光匡洋行 德国孔士洋行 达克领事馆 海关督会 教堂

英教堂 天津洋行 波兰领事馆 美亨洋行 推打银行 英国领事馆 德国洋行 美亨洋行 美国领事馆 德国领事馆

丹国绘铺 德国领事馆 亚西亚石油公司 推甸砲舰公司 安利洋行 太古洋行 福吧牙领事 海关税务所住宅 美亨洋行 美亨洋行 法国领事馆 东方洋行 德国领事馆 法国海军俱乐部

0 50 100 M

沙面原租界建筑分布图

沙面，曾称"拾翠洲"，因为是珠江冲积而成的沙洲，故名沙面。沙面位于广东省广州市市区西南部，南濒珠江白鹅潭，北隔沙基涌，是与六二三路相望的一个小岛。沙面在宋、元、明、清时期为中国国内外通商要津和游览地。鸦片战争后，在清咸丰十一年（1861 年）后沦为英、法租界。

沙面是中国近代历史的活博物馆，是构成近代广州历史、文化和生活特色的重要场所。1996 年 11 月，"广州沙面建筑群（清）"被国务院确定为"全国重点文物保护单位"。

所以，广州市沙面的历史建筑保护规划与利用任重道远。

奖状

项目名称：广州沙面近代历史文化保护区整治规划
完成单位：广州市城市规划勘测设计研究院

该项目被评选为"二〇〇三年度广东省城乡规划
设计优秀项目"一等奖，特发此证，以资鼓励。

广东省建设厅
广东省城市规划协会
二〇〇三年十二月

广州市沙面保护整治规划奖状

　　细致严谨的调研工作是制定合理保护规划的基础，广州市城市规划勘测设计研究院从多方面了解历史与现状，理清脉络，通过电脑合成、手绘复原等多种途径，为沙面的保护规划工作开展，提供了有力依据。

　　通过不断的努力，《广州市沙面近现代历史文化保护区整治规划》项目被评为"二〇〇三年度广东省城乡规划设计优秀项目"一等奖。

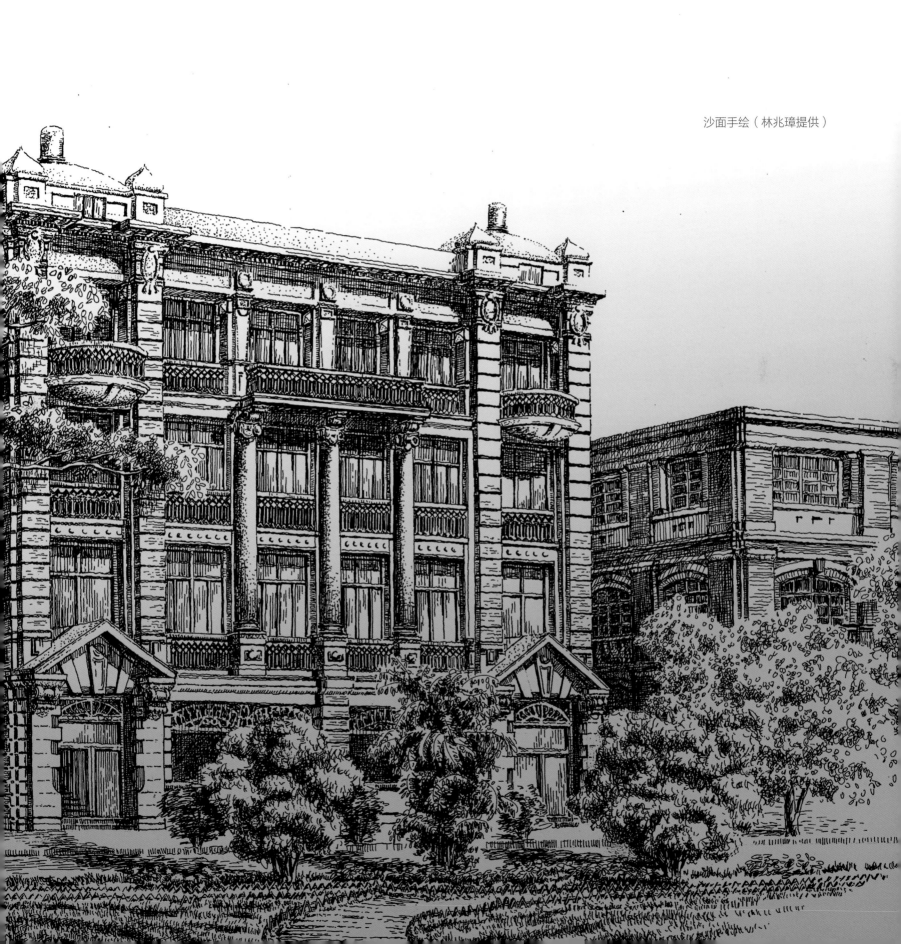

沙面手绘（林兆璋提供）

沙面的开发建设历史是中国近代被侵略史的代表，本图为设计团队根据 1865 年英国《泰晤士报》介绍广州沙面英租界建设情况的小插图，复原并增加细节而成的 150 年前沙面鸟瞰，真实地展示了沙面第一期开发建设历史。（林兆璋提供）

35

03

韶关南雄珠玑古巷综合保护规划（1996 年）
Shaoguan Nanxiong Zhuji Ancient Alley Conservation Planning

1996 年度广州市第八次优秀工程设计二等奖
1996 年度广东省城镇优秀规划设计三等奖

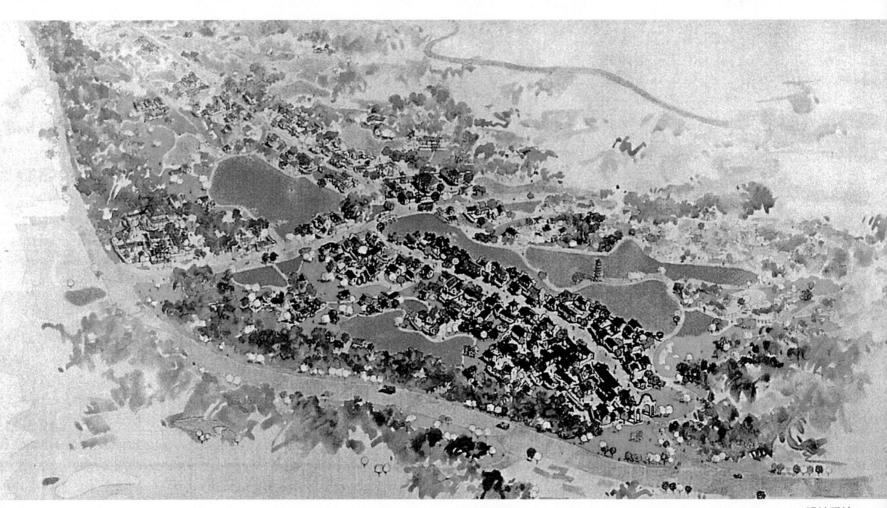

设计手绘

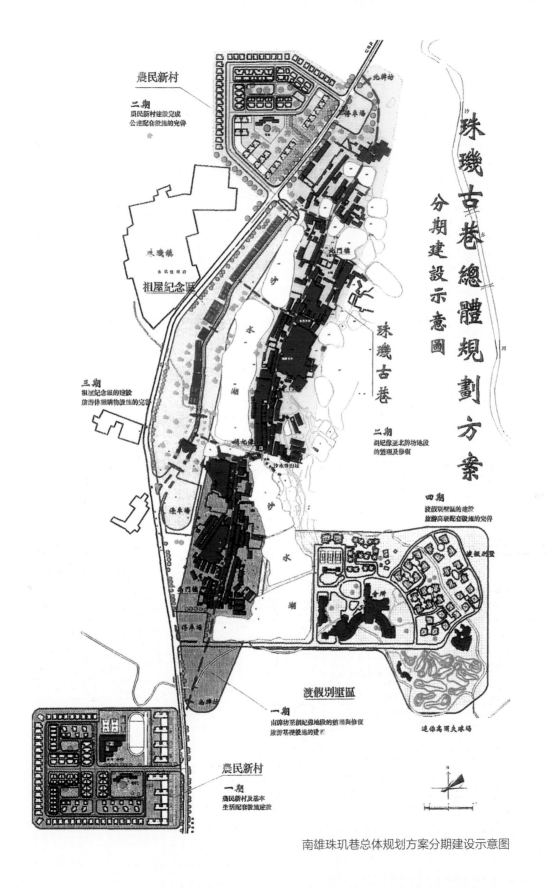

南雄珠玑巷总体规划方案分期建设示意图

南雄珠玑巷总体规划方案获奖奖状

广东南雄珠玑巷是一处以传统民居为主，包括旧祠堂、旧店铺和古桥、古道在内的风光绮丽的古建筑群，具有重要的文物价值和历史价值。为了保存科学研究的实物资料，保护建筑环境的历史延续性，保留古街风貌和旅游开发资源，广州市城市规划勘测设计研究院进行了珠玑巷民居考察，并编制了珠玑巷保护综合规划。

珠玑巷不是单纯的居民聚居点，在宋朝时还是一个商业繁华的驿站，因此保留了商业街及驿站的特点，建筑鳞次栉比，沿古道两侧有序排列，并形成一段段商业街，根据史料记载，由北往南分别为马仔街、珠玑街、珠泗巷、铁炉巷、腊巷及棋盘街，根据其划分可以看出，珠玑巷是由北往南不断加建而成的，各商业街各具特色，所以珠玑巷的综合保护规划具有相当大的意义。

南雄珠玑巷旧照

南雄珠玑巷旧照

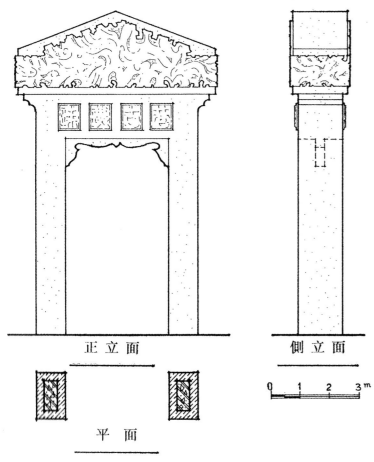

正 立 面 　　　　侧 立 面

0 1 2 3 m

平 面

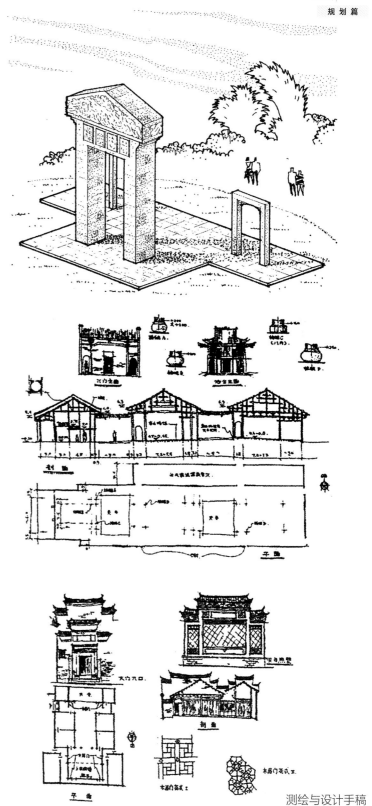

测绘与设计手稿

南雄珠玑古巷是古中原人南下岭南地的中转站，具有深远的历史意义及人文价值。保护规划目标：

1. 保留原物风貌；

2. 提出引导性和约束性的环境保护政策建议；

3. 总体规划综合考虑历史、当今与未来的元素；

4. 追求自然过渡，力求体现环境的历史连续性。

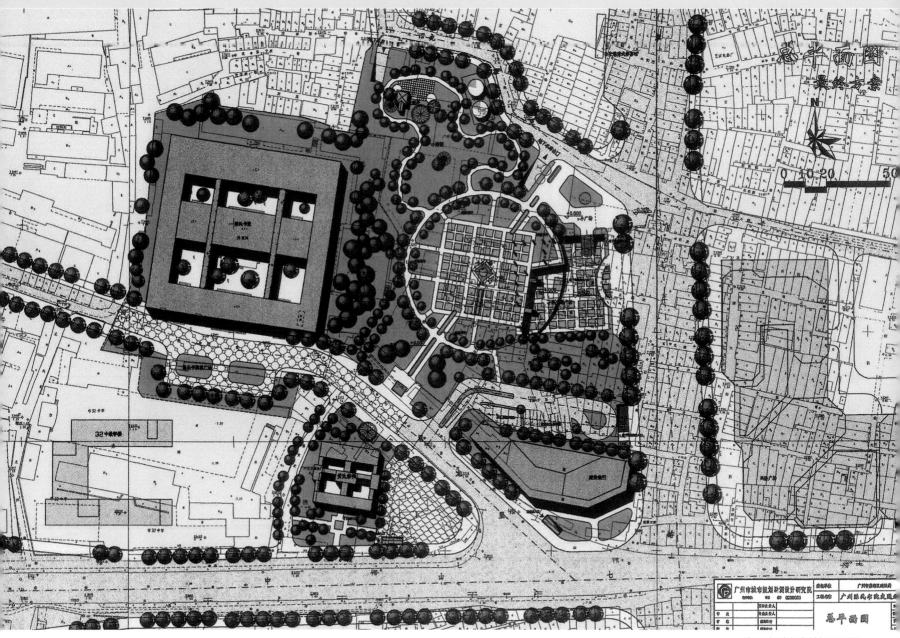

04 广州陈氏书院交通绿化广场规划（1999 年）
Guangzhou Chen Academy Square Planning
1999 年度广东省城乡规划设计优秀项目二等奖

陈氏书院规划总平面图

40

陈氏书院，俗称陈家祠，位于广州市中山七路。陈氏书院筹建于清光绪十四年（1888年），光绪二十年（1894）落成。陈氏书院是广东规模最大、装饰华丽、保存完好的传统岭南祠堂式建筑，被誉为"岭南建筑艺术明珠"，它集中了广东民间建筑装饰艺术之大成，巧妙运用木雕、砖雕、石雕、灰塑、陶塑、铜铁铸和彩绘等装饰艺术，是一座民间装饰艺术的璀璨殿堂。

由于陈氏书院所处的地理位置，其规划显得尤为重要。经过领导支持和单位协作的共同努力下，广州市城市规划勘测设计研究院参与的《广州市陈氏书院交通绿化广场规划》项目被评为"一九九九年度广东省城乡规划设计、测绘成果优秀项目"二等奖。

陈氏书院规划设计获奖证书

陈氏书院交通绿化广场

陈氏书院交通绿化广场

41

规划目标：

1. 发挥地铁系统运输骨干作用，加强公交系统衔接；

2. 提供良好的换乘空间和设施；

3. 满足停车需求；

4. 提高交叉口疏导能力；

5. 提供一个安全、便捷的人行系统；

6. 为绿化广场创造一个休闲的活动空间环境。

陈氏书院交通绿化广场

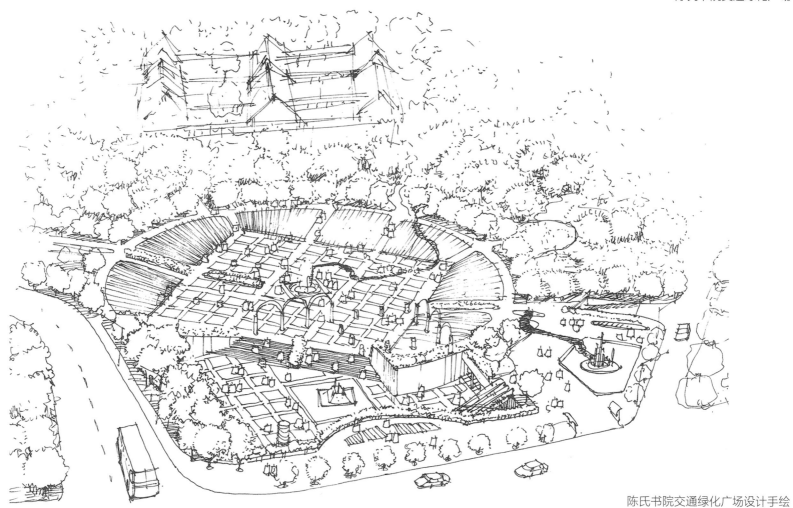

陈氏书院交通绿化广场设计手绘

从平面构图看，以书院平面尺寸为模数组成两个不同标高的方形下沉广场，以圆形小路过渡并产生整体均衡的效果。以交通功能为主的下沉广场是地下商业一个重要的交通疏散口，主要缓冲通过地铁和公交进出地下商业街的人流。中心广场是由几何圆方组合的半下沉式广场，布置表现清末西关民间风情的构筑物，形成具有岭南民俗特色气氛的开放空间。

从空间上看，主要为市民提供愉悦的步行和自然的空间转换感受，并在行进过程中感受到陈氏书院的艺术氛围。因此，广场采用在任何角度都不遮挡住陈氏书院的设计，行人能从地铁站或地下车库直接进入下沉广场，亦能通过入口标志广场的自动扶梯进入下沉交通广场，再进入中心广场。

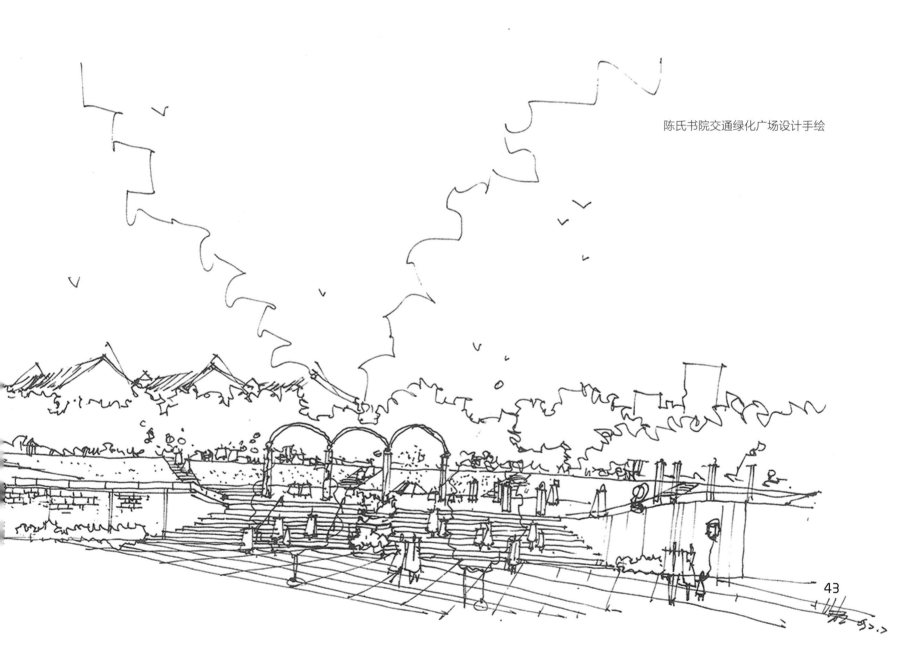

陈氏书院交通绿化广场设计手绘

20 世纪 30 年代永汉路（现北京路）路口

北京路商业步行街环境整治规划（2000 年）

广州市北京路是 20 世纪初兴建保存至今的，也有 20 世纪六七十年代兴建的，还有部分骑楼街中 20 世纪 80 年代以后的新建筑占了一定的比重。它们的建设年代不同，建筑风格各异，反映了一定历史时期的艺术和技术特点。北京路是从明清时期开始繁盛的商业街，有浓烈的商业色彩，随着时代的发展和需求，广州市城市规划勘测设计研究院对其环境进行了整治规划，使北京路商业街在继承传统商业历史基础上也能跟上时代发展的步伐。

项目获奖证书

规划立面图

第十甫路、下九路商业街立面整治规划（2000 年）

2000 年度广州市优秀工程设计三等奖

　　第十甫路和下九路从明清时期开始就是繁盛的商业街。保护和发展历史悠久、地位高的街道能够提升老城区的文化层次，增加市民对广州的地域感和归属感。采取"先期整治，逐步治理，分期实施，长远规划"的原则，力求在保护维修的同时恢复传统风貌。建设代表广州形象的具有岭南骑楼建筑独特魅力的购物观光环境。

整治后街景

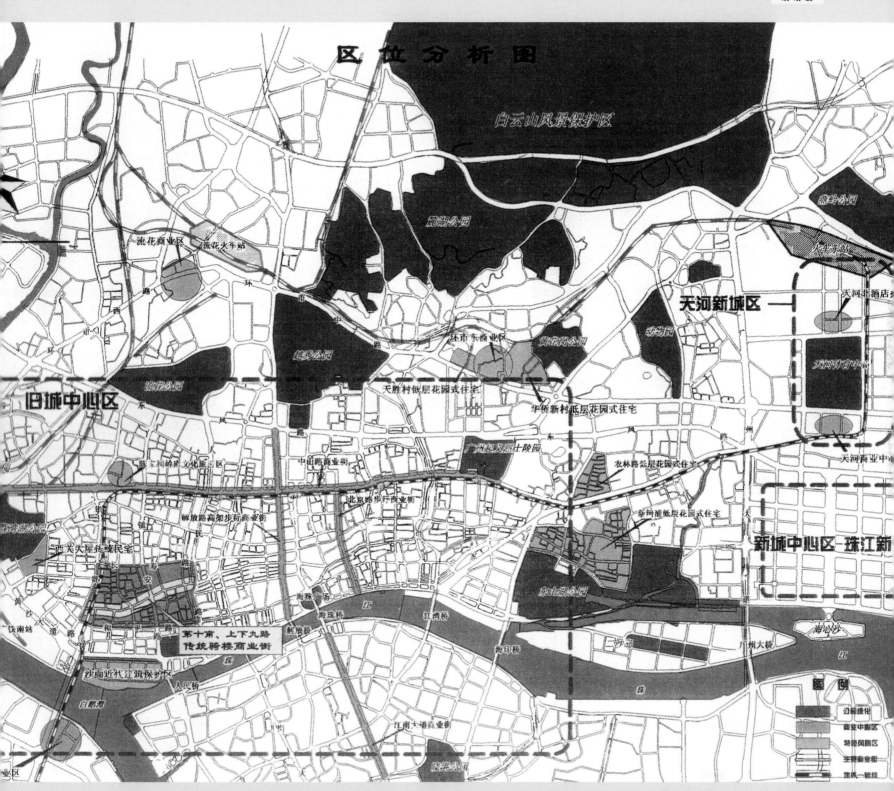

区位分析图

骑楼街保护与开发研究（2004 年）

骑楼是岭南建筑最重要的符号之一，骑楼街是最具地方特色和历史意义的街道空间形式。因此骑楼街的保护与开发规划研究在国内同类规划研究中具有很强的代表性。因此，应该按照相关法律法规制定相应的规划管理措施，加强审批和监督力度，力求在保护维修的同时恢复传统风貌。建设能代表广州"商业步行第一街"形象的整洁、舒适、绿化、美观、标准统一，且具有岭南骑楼建筑独特魅力的购物观光环境。

骑楼手绘（林兆璋提供）

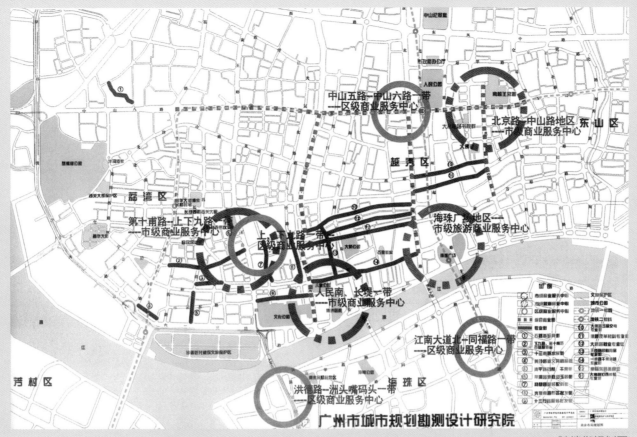

骑楼街规划图

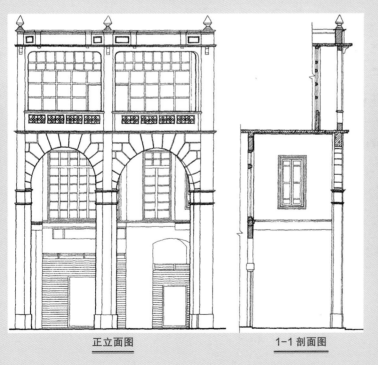

正立面图　　　　　　　1-1 剖面图

骑楼街立面、剖面图

北京路照片

06

广州市传统中轴线历史文化街区总体规划（2000 年）

Master Plan of the Traditional Central Axis in Guangzhou

中轴线城市深化规划（2001 年）

传统中轴线历史文化街区紫线修订（2013 年）

传统中轴鸟瞰

广州市传统中轴线是随着广州古城的发展而逐步形成的，不仅凝聚了广州的历史，也是广州山水格局的唯一完整传统风貌区。对于广州市传统中轴线历史文化街区的总体规划不仅要保护好这一历史文化街区，走通中轴线，贯穿两千年，把百年中轴、千年古道保护活化与文化产业发展，以及旧城改造后重塑并彰显广州历史文化名城魅力与现代发展结合起来，所以广州市传统中轴线的总体规划对广州历史文化的继承和发展有着重要的意义。

中山纪念堂鸟瞰

广州市政府

镇海楼

海珠广场

广州市传统中轴线有五层楼、中山纪念碑、中山纪念堂、市人大常委会大楼、市政府大楼、广州解放纪念碑、海珠桥等多个优秀历史建筑作为景观标志，里面包含了非常丰富的历史信息，是广州真正的黄金文化线。在传统中轴线上，历史上有"镇海层楼"、"越秀远眺"、"珠海丹心"和"珠江秋月"等景色，被列入"羊城八景"达 10 次之多。

但正因为传统中轴线是广州旧城的脊柱，是广州历史文化名城的重要组成部分，也是广州市最重要的历史街区之一，地位非常重要。旧城中心区城市规划设计与新区相比，涉及面更广，制约因素也更为复杂，因此是难度最大的城市设计类型之一。

广州市城市规划勘测设计研究院经过实际调研与翻查历史，综合各方面因素，从平面与空间上对中轴线的规划进行详细的分析，对中轴线进行了深化规划。

深化规划目标

越秀公园地区：

加强公园景观视线设计。

中山纪念堂地区：

保护粤王井，并以此作为再现宋代"右一脉"的起始点。在市人大西侧设置下沉广场及地下隧道，使轴线的步行系统保持连续。

市政府、人民公园地区：

落实已编制完成的市政府大院规划、人民公园城市广场设计、解放路城市设计，对吉祥路东侧及连新路西侧建筑做意向控制。建筑以行列式布局为主，并围合与轴线呼应的开敞空间，形成"开敞庭园体系"。

中山路至一德路、泰康路地区：

结合广州起义旧址及许家祠保护，开辟区内的公共绿地。强化起义路轴线空间，设置起义广场、维新广场及航海广场，以广场体系联系南部轴线空间。保持原有的街坊格局，再现六脉渠及航海门历史风貌。

海珠广场及海珠南广场地区：

以广州市规划自动化中心规划设计所编制完成的海珠广场地区城市设计及已审批的"海珠南广场地区城市设计"为依据，进行规划布局。

广州传统中轴线规划图

聚龙村鸟瞰

"聚龙村"古建筑群始建于清光绪五年（1879年），由广东台山邝氏族人兴建，是广州现存最完整的古民居建筑群之一。现存房屋19幢，均为二层青砖楼房。该村按"井"字形平面布局，建有7条街巷，纵横整齐美观，错落有致，每座民居院落占地约200平方米，坐北朝南。建成之初共有20座。其建筑具有浓郁的岭南特色和较高的历史价值，被列为广州市历史文化保护区。

聚龙村占地5200多平方米，这些古老的屋宇是清末一批祖籍广东台山、生活较为富裕的邝氏华侨建造的，外观设计一致，颇有些像广州的西关大屋，现存21座二层青砖瓦楼房。因建村挖土时冒出朱红岩石水，风水先生称为"龙出血"，而得"聚龙"名。

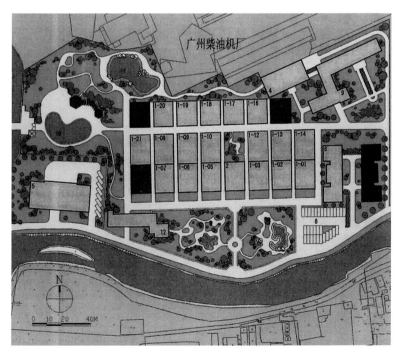

聚龙村规划总平面图

聚龙村效果图

聚龙村鸟瞰

建村之初共有民居 20 幢（1-20 号），1914 年增建 1 幢（21 号）。建筑坐北朝南，绕村建有高约 3 米的围墙，在围墙的东南角、西南角各建有一座更楼，另有一幢书舍，就像一个封闭式的小区，族人根据定价认购房屋。因此聚龙村成了中国人由农村聚落向城镇聚落演变的实物见证，也是国内比较早期的房产开发的产物。

聚龙村建村之初有 20 户人家，大多数在广州经商。经过多年的艰苦创业，到清末民初，聚龙村涌现出一批知名商人，如《广报》创始人邝其照、美南鞋厂厂长邝伍臣、中美大药房创始人邝明觉，等等。抗日战争期间，村里商人纷纷移居香港地区和美、英、马来西亚、巴西等国。

中华人民共和国成立后，围墙、更楼、书舍毁坏，现实存民居 19 栋，门牌为聚龙村 1-10 号、12-14 号、16-21 号。

由于聚龙村历史悠久、建筑集中且建筑质量比较好，因此广州市城市规划勘测设计研究院在保护与修建性详细规划的制定工作中，遵循历史沿革，保护原有建筑风格，充分发挥其历史、经济、文化等作用。

1945 年的聚龙村

20 世纪 90 年代的聚龙村

整改后的聚龙村风貌

黄埔区长洲岛

长洲岛历史文化保护区的自然和社会状况极为复杂，长洲岛不仅是广州市长洲岛文化保护区的重点地区，而且具有区域乃至国际的多元文化背景，长洲岛是广州市第一批历史文化保护区，是以黄埔军校等历史文化古迹保护为主体的历史文化区，本次规划定位从多角度、多层次分析来研究，适度挖掘历史文化和生态资源的潜力，打造有内涵的生态型旅游区。

黄埔军校旧址位于长洲岛，原为清朝陆军小学和海军学校校舍。民国 13 年（1924 年）6 月 16 日，孙中山在苏联顾问的帮助下创办培养军事干部的学校。

长洲岛历史文化古迹包括巴斯教徒墓地、柯拜船坞（近代第一个西式船坞）、禄顺船坞旧址、外国人墓地、深井文塔、南海神祠等。还有近现代黄埔军校、东征烈士墓、北伐纪念碑，以及炮台五座。

长洲岛绿色覆盖率甚高，周边环绕诸多沙洲，水涌纵横，岭南水乡特色浓郁。

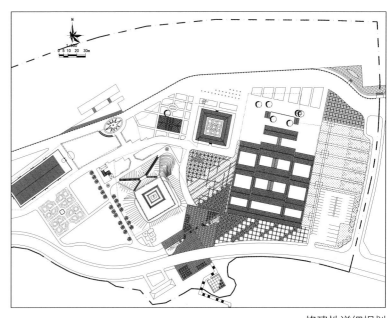

修建性详细规划

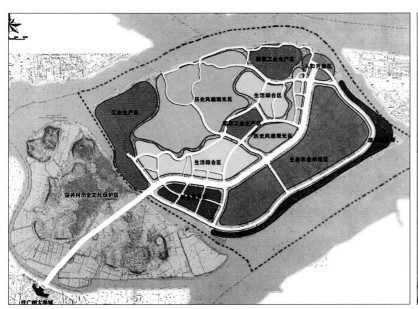

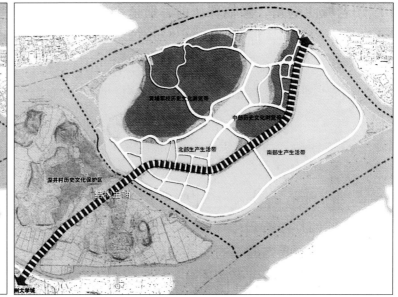

控制性规划

广州黄埔村保护规划（2004年）
Guangzhou Ancient Huangpu Village Conservation Planning

广州市城市规划勘测设计研究院
广州岭南建筑研究所

《粤海关志》中的黄埔古港地图

广州东南隅的琶洲岛上有中国"海上丝绸之路起点"之誉的黄埔村。通过对黄埔村细致的调查研究，确定其适合建成以旅游、商贸服务、生活居住为主要职能，具有明清贸易港风情的旅游景点和爱国主义教育基地。

黄埔古港航拍

"黄埔古港遗址"碑

图例

▭	研究范围
▭	规划范围
▭	居住用地
▬	教育机构
▬	公共绿地
▬	文物古迹
▬	水域

土地利用现状

黄埔村现存建筑主要为1-3层建筑。其中清朝时期的建筑177栋，占总建筑的40%；20世纪40年代的建筑218栋，占50%；20世纪80年代以后的建筑40栋，占10%。由于黄埔村人口逐步南移，部分建筑因无人居住年久失修，已墙垣坍塌，杂草丛生，保留下来的精致木雕也面临被盗的危机，所以对黄埔村现存建筑的保护是迫在眉睫的。

图例

□	研究范围
▨	规划范围
▤	青石板路
■	修缮
▨	改善
■	修复
▨	整饰
▨	重建
□	拆除

建筑保护与整治综合评价

黄埔村的保护规划本着保护传统空间格局、充分考虑现状和可操作性的原则，分别提出保护和改造的措施，这些措施的提出建立在建筑分类的基础上。通过综合分析建筑的多种因素（类型、高度、年代、质量及周围环境等），可以确定为保护建筑和非保护建筑。尽可能在保护的前提下使其规划更符合时代发展，重新体现它的历史、文化、旅游等价值。

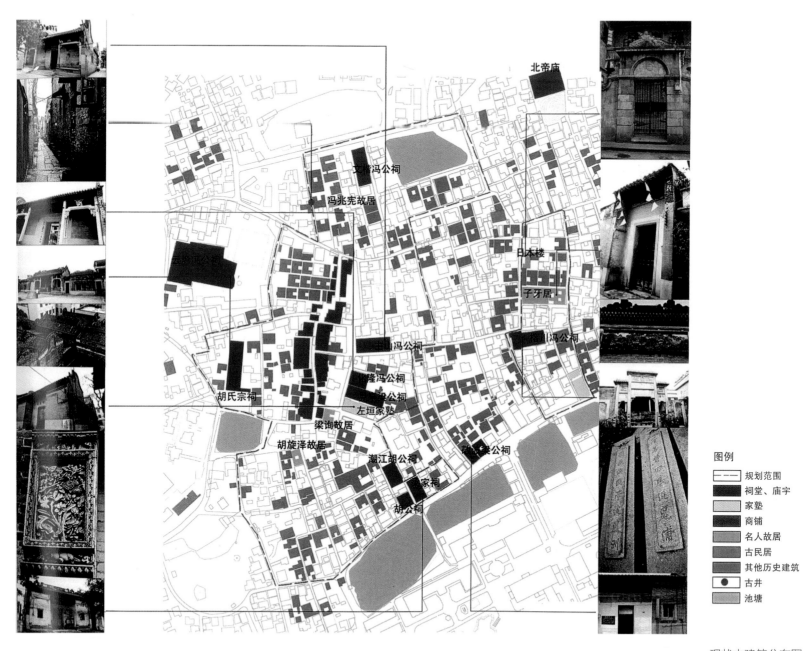

现状古建筑分布图

黄埔村黄埔直街、盘石大街规划设计效果图

黄埔村现状航拍

广州市政府大院改造

10 Guangzhou Municipal Government Compound Renovation

广州市政府大院改造规划（2004 年）
广州市政府大院综合楼外墙整治装饰工程（2009 年）

广州市政府大院内景

随着经济的发展和广州行政中心的转移，本规划从城市中心区结构定位出发，就市政府大院所在区域用地性质被重新确定为文化、艺术、博览中心，构建完善的步行空间系统，为广州市中心区建设新标识。

广州市政府内院

广州市政府大院鸟瞰

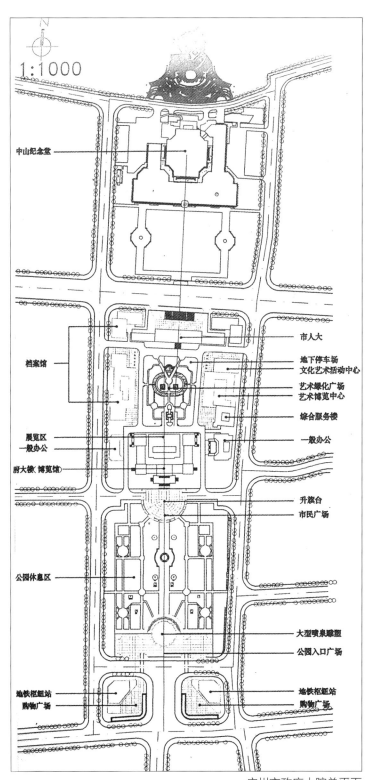

广州市政府大院总平面

广州五仙观及绿化广场工程勘察设计（2003 年）

Guangzhou Wuxian Taoist Temple Survey and Design

五仙观及观前绿化广场详细规划（2002 年）

古建筑测绘，五仙观第一期、第二期景观设计（2003 年 6 月）

2004 年度广州市城乡规划设计优秀项目三等奖

五仙观

五仙观位于广州市越秀区惠福西路 233 号。现寺观建于明洪武十年 (1377 年)，是一座祭祖五仙的谷神庙，该观属道教。明清时期，这里分别以"穗石洞天"和"五仙霞洞"列入"羊城八景"。1998 年，五仙观作为广州市兼广东省重点文物保护单位下放由越秀区管理。区政府对五仙观进行了全面维护和整修，并重新对外开放。

规划延续第一期规划基本原则：尊重历史和充实景观，如根据右图日本人遗留资料复建牌楼。着重加强五仙观的文化博览及旅游休闲功能，充实景区序列，保持观内古建氛围完整性，减少周围建筑对观内景观的干扰。

设计手绘

1. 西斋园
2. 东斋园
3. 南门
4. 北门
5. 通明阁
6. 展览厅
7. 园林景墙
8. 休憩亭
9. 盆景展区
10. 管理用房
11. 双面游廊
12. 穗石亭、坡山古渡
13. 如意步级
14. 停车场
15. 市民广场
16. 旅游商店
17. 百工坊
18. 曲廊
19. 古围墙遗址
20. 古榕树
21. 五仙雕塑
22. 仙人拇迹
23. 荷花池
24. 竹林
25. 内院
26. 园林花架
27. 洗手间
　　（设于坡地下）
28. 草坡
29. 石展区
30. 管理用房
　　（内附洗手间）

规划总平面图　　　　　　　　　　　　　　　　现状鸟瞰

1980 年的五仙观（来源于摄影师费利斯·比特）

五仙观鸟瞰（2017 年）　71

12 广州大东门城市设计（2004 年）
Guangzhou East Gate Urban Design

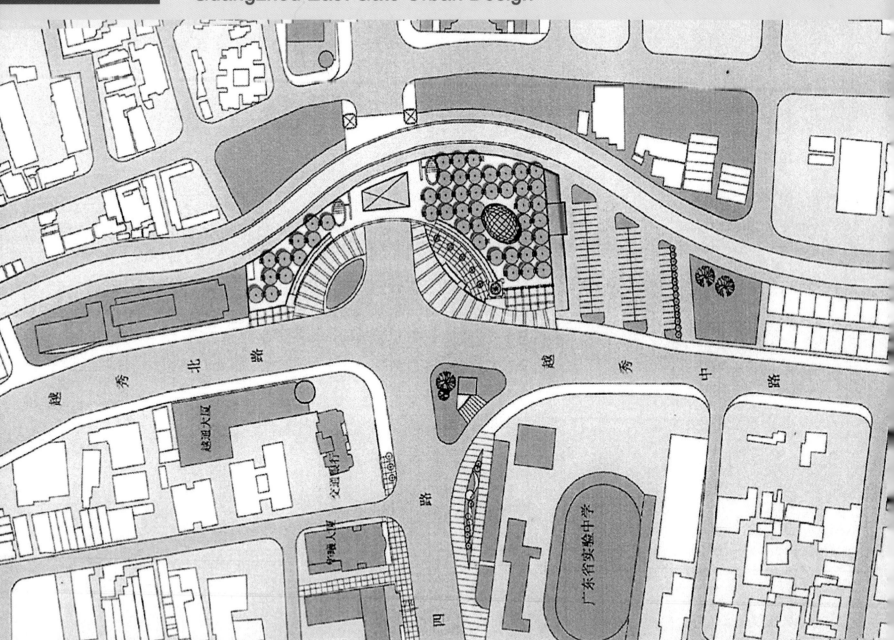

广州大东门城市设计总平面

大东门，又称"正东门"，是中国广州在宋代至明、清时代的东大门，也是广州老城"八城门"之一。民国初年，广州拆城修马路，大东门被拆除。

为了重现古时"城门"概念，将原来分布在中山路两边的用地结合起来设计，使大东门绿化商业广场横跨中山路。

广场呈半月形，对中山路与越秀路的交汇处形成环抱的姿态。其半围合空间体现出古代"瓮城"的意象。

下沉式广场将地面与地下的商业空间联系起来，室外台阶将地面与二层商场、屋顶绿化广场结合。使空间连贯富于变化。既为城市的人流疏导提供了一个立体交通系统，又提高了商场的商业价值，并且为城市提供了一个可持续发展的绿化空间。

建筑的顶层设计成绿化广场，在广场上呈矩阵形种植树木，在原本拥挤有限的城市空间里开辟出一块绿色生态空间，为市民提供休憩场所。同时绿树弱化了东濠涌高架桥给城市天际线带来的视线冲击，也为这座城市带来了一道亮丽的风景。

原来的东濠涌高架桥拦腰横过中山路，并且外立面比较破旧，影响了中山路上的城市景观。设计中对东濠涌立面进行改造，临中山路段局部封闭，减少噪声、粉尘的干扰，又避免了高架桥与城市街道空间的冲突关系。

建筑材料的运用上以石材和灰砖墙为主，采用透明清玻

大东门地块现状

璃。同时与大东门绿化商业广场结合成一个整体来设计，引入"墙垛"等古山墙符号等元素，既突出了"城门"的主题，建筑风格上又兼备岭南建筑特色，整个建筑设计通过运用抽象、提炼的建筑造型语汇、传统的布局方式，重塑大东门的形象，让广州城的历史与现代在这里交汇共存。希望通过我们的努力和追求，寻回中山路在广州所失落的形象，并将尘封的历史瑰宝展现给这座城市。

大东门设计手绘

大东门鸟瞰

大东门透视图

广州市荔枝湾及周边社区环境综合整治工程
Guangzhou Litchi Bay Improvement Project

荔枝湾及周边社区环境综合整治（一期）（2010 年）

荔枝湾及周边社区环境综合整治（二期）（2012 年）

2011 年广东省岭南特色街区金奖（广东省建设厅颁发）

2011 年第三届中国环境艺术奖（环境建设类）最佳范例奖（规划设计）

2013 年度中国勘察设计协会颁发的园林景观三等奖

13

荔枝湾

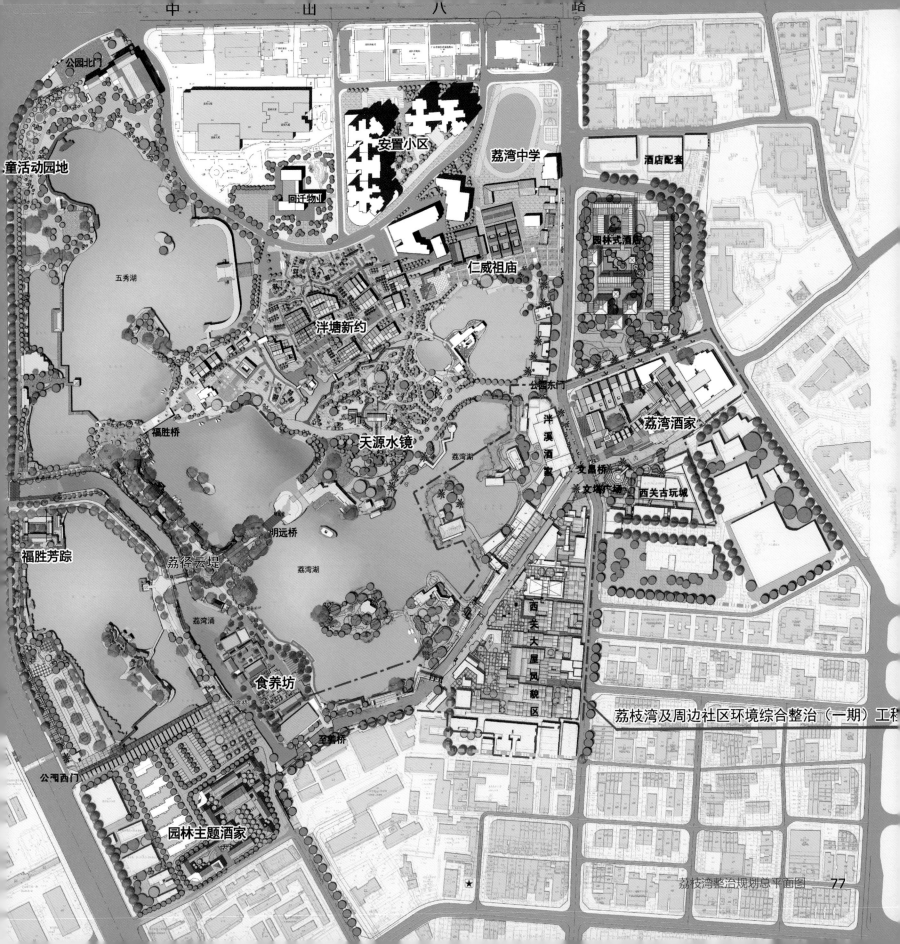

公园北门

童活动园地

安置小区

荔湾中学

酒店配套

回迁物业

五秀湖

园林式酒店

仁威祖庙

泮塘新约

公园东门

泮溪酒家

荔湾酒家

福胜桥

天源水镜

荔湾湖

文昌桥

文塔广场

西关古玩城

福胜芳踪

明远桥

荔径云堤

西关大屋风貌区

荔湾涌

食养坊

荔枝湾及周边社区环境综合整治（一期）工程

公园西门

至禽桥

园林主题酒家

荔枝湾，素有"一湾溪水绿，两岸荔枝红"的美誉，但因 20 世纪末河道污染严重而被迫覆盖成路。2009 年，在广州"中调"、"宜居城市"建设和"文化引领"的发展战略指引下，借亚运建设的东风，荔枝湾迎来复兴的契机，荔枝湾及周边社区环境综合整治（一期）工程全面展开。

规划提出以下设计思路：

1）恢复历史河涌风貌，构筑一条展示整个片区功能和特色的滨水展示带，并使之与荔湾湖建立起直接的景观联系。

2）根据原有场地特征将基地分为 4 个景观空间序列。

3）对 4 个不同的区域运用相宜的改造更新策略，达到历史保护、环境改善、文化振兴和产业提升的目的。

4）以荔枝湾复涌为契机，带动荔湾湖周边地块和历史街区的更新改造，以线串点，联点成面，最终带动整个荔湾旧城的发展。

荔枝湾涌，蜿蜒曲折，仿似荔湾湖旁的游龙，东起逢源大街，中跨龙津路，过西关大屋群，最终汇入荔湾湖区，其势起、承、转、合，相得益彰。

文塔广场

文塔广场

荔枝湾夜景鸟瞰　79

荔枝湾湾畔留存一框架结构旧厂房，经论证保留，使用现代设计手法改造后，现作为广州市文津古玩城重新开放。新荔枝湾湾畔风貌汇集了古代、近代、现代风，让人既体会到广州过去的历史，又感受到今天勃勃的生气。

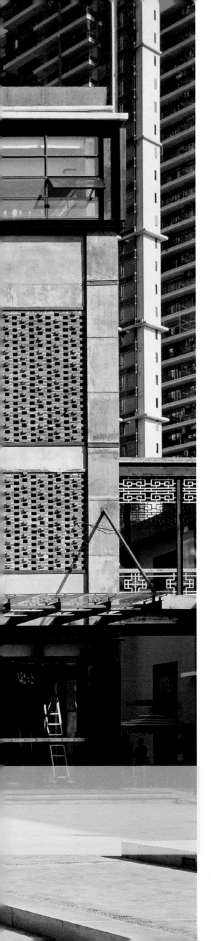

改造效果

建筑原貌

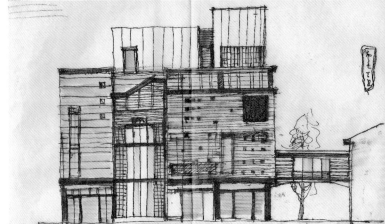

设计手绘

改造效果

81

广州市西村水泥厂区
Guangzhou Cement Plant

更新改造概念规划（2005 年本院参与）

岩土工程勘察（2009 年 11 月）

14

广州市西村水泥厂鸟瞰

广州水泥厂是广州近现代工业发展的先驱，具有一定的历史意义和文化价值。项目被列入广州历史建筑名录，所在的白云区结合部被重新定位为文化、居住用地，原有工业结构的改造工作需结合现状与周边环公园景观作分析操作，借鉴国外先进经验，保持原有主要建筑不拆除，进行改造再利用。

随着广州水泥厂技术升级与厂址搬迁，建筑形式与现代商贸、服务配套功能适应，不但有利于延续地区历史文脉，还进一步改善地区环境，增加整个荔湾西部、白云区南部的公共服务设施，创造新的城市生活。

更新改造效果图

广州白云山风景名胜区总体规划（2000 年）
Master Plan of the Guangzhou Baiyun Mountain Scenic Area

风景区 1：5000 地图缩编（1998 年）

白云山西侧绿化带休闲带规划（2000 年）

1999 年度广州市城乡规划设计、测绘成果优秀项目二等奖

2001 年度广州市优秀工程设计三等奖

15

白云山风景区

白云山位于广州市白云区，为南粤名山之一，自古就有"羊城第一秀"之称，有着浓厚的文化沉淀，最早可追溯到山北黄婆洞的新石器时代史前文化遗址。其风景名胜区规划包括麓湖、飞鹅岭、三台岭、鸣春谷、柯子岭、摩星岭、明珠楼及荷依岭等八个景区。

白云山风景名胜区是广州市不可多得的城市森林公园，对于调节城市生态环境、提供郊野游憩用地具有无法替代的作用。由于森林边缘地带缺乏管理，利用率较低，市政府决定在白云山风景名胜区西侧营建绿化休闲带，改善广州市"绿肺"周边地区的景观生态风貌。

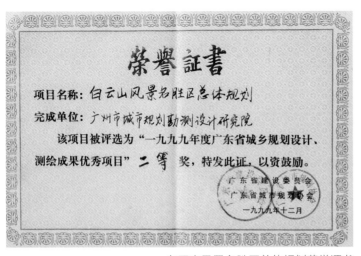

白云山风景名胜区总体规划荣誉证书

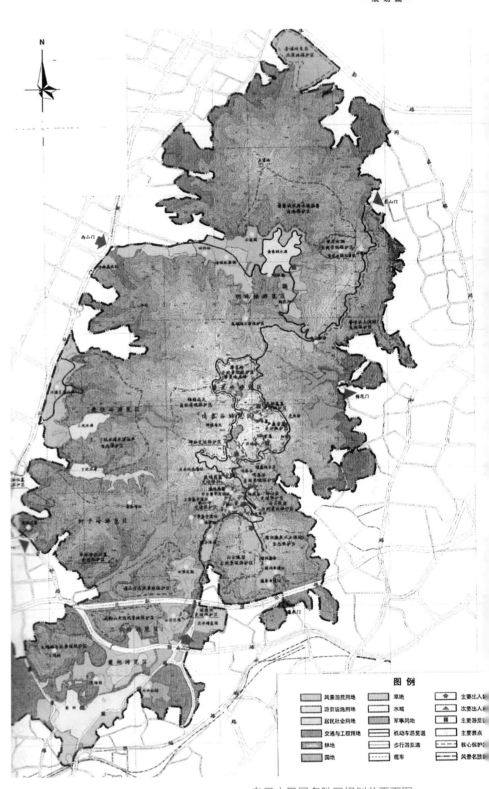

白云山风景名胜区规划总平面图

广州新一军公墓旧照

新一军是反法西斯战争中反异域侵略的主要作战部队，1945年9月日本投降后负责收复广州。纪念碑主要用于纪念在缅甸作战阵亡的将士，碑塔现位于某大院中。整治规划保留了原纪念碑的核心景观，保留老城区空间结构，与银河革命公墓、粤军第一师诸先烈纪念碑、十九路军坟场、黄花岗七十二烈士墓、广州起义烈士陵园共同构成"广州市革命史迹景观轴线"。

新广场效果图

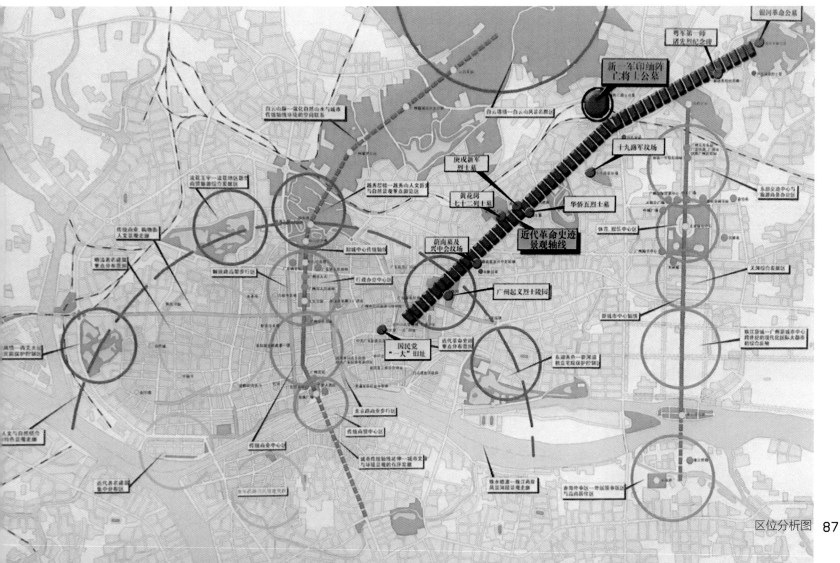

区位分析图 **87**

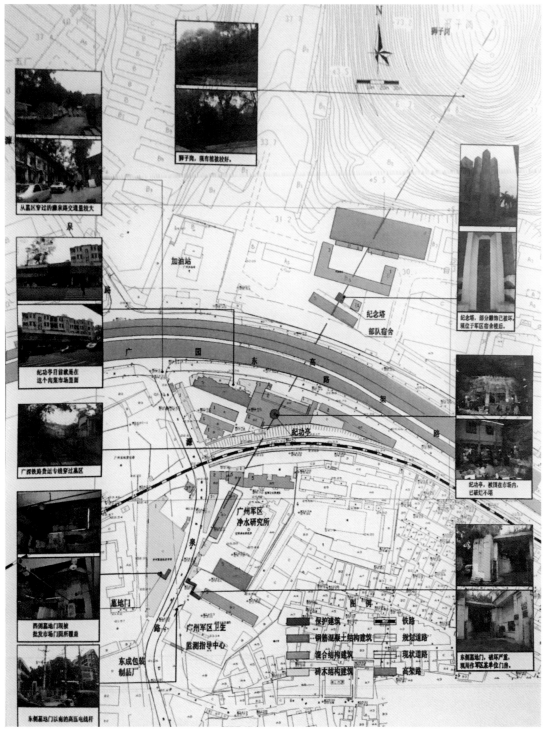

现状分析图

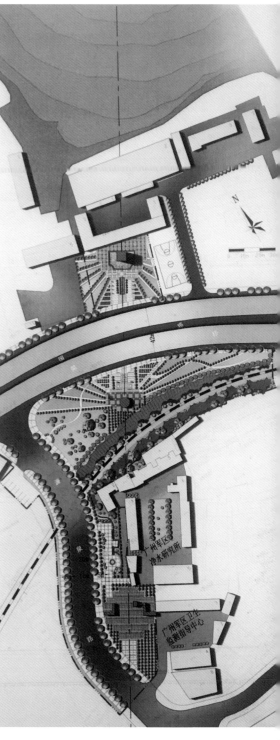

总平面

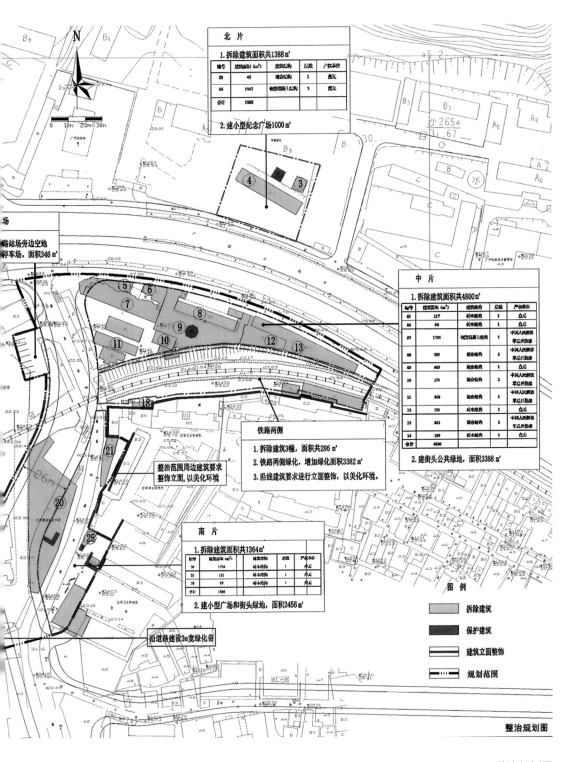

北 片

1.拆除建筑面积共1388 m²

编号	建筑面积 (m²)	建筑结构	层数	产权单位
03	43	混合结构	1	私人
04	1345	钢筋混凝土结构	5	私人
合计	1388			

2.建小型纪念广场1000 m²

中 片

1.拆除建筑面积共4800 m²

编号	建筑面积 (m²)	建筑结构	层数	产权单位
05	117	砖木结构	1	私人
06	89	砖木结构	1	私人
07	1795	钢筋混凝土结构	5	中国人民解放军G后勤部
08	295	综合结构	2	中国人民解放军G后勤部
09	669	综合结构	1	私人
10	154	综合结构	3	中国人民解放军G后勤部
11	348	综合结构	1	中国人民解放军G后勤部
12	191	砖木结构	1	私人
13	842	综合结构	1	中国人民解放军G后勤部
14	189	砖木结构	1	私人
合计	4800			

2.建街头公共绿地, 面积3388 m²

铁路两侧

1.拆除建筑3幢, 面积共296 m²

2.铁路两侧绿化, 增加绿化面积3382 m²

3.沿线建筑要求进行立面整饰, 以美化环境。

整治范围周边建筑要求整饰立面, 以美化环境

铁路站场旁边空地停车场。面积346 m²

南 片

1.拆除建筑面积共1364 m²

编号	建筑面积 (m²)	建筑结构	层数	产权单位
20	1276	综合结构	1	私人
21	161	砖木结构	1	私人
25	97	砖木结构	1	私人
合计	1364			

2.建小型广场和街头绿地, 面积2456 m²

沿进路建设3m宽绿化带

图 例

	拆除建筑
	保护建筑
	建筑立面整饰
	规划范围

整治规划图

整治规划图

公墓由北向西南依次呈一条直线布局, 总长度约230米, 轴线向东北延伸则正对白云山麓狮子岗的顶峰, 但由于被部队建筑遮挡, 视线上受到阻碍, 公墓被广园路、广深铁路货运专线和濂泉路分割成4个部分, 纪念塔位于广园路以北, 保存比较完整, 但原来底座顶由弹壳铸成的铜鹰早已不见踪影。因被建筑物遮挡, 在广园路无法看到纪念塔。纪功亭位于广园路以南, 铁路以北, 被包围于广元农贸市场内, 墓园范围内的道路、铁路和建筑物对整体环境氛围影响较大, 且现状比较破旧, 环境较差, 环境整治和保护规划工作迫在眉睫。

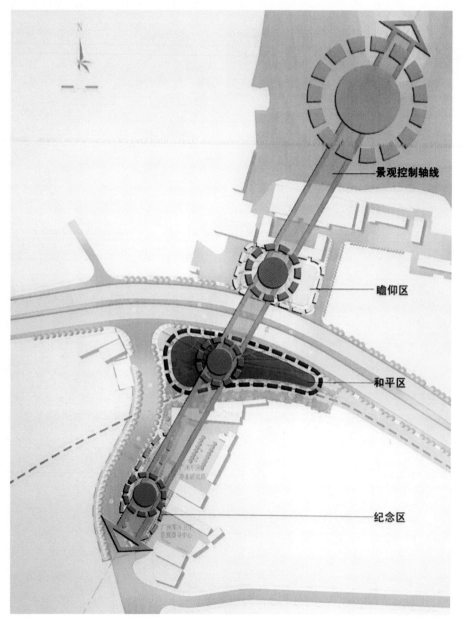

规划结构图

本规划目标为整治公墓周边建筑物环境，保护恢复公墓环境，营造纪念性场所氛围，使公墓能够为市民所知、所感，真正成为"广州市革命史迹景观轴线"的一个节点，结合公墓整治与保护，为周边地区开辟一处活动场所，提高地区整体环境和景观质量，尽量坚持恢复和保护公墓原有环境特色为原则，减少被道路的分割，并充分考虑规划整治近期实施可能性以及长期维护的整体性。

公墓整治范围分为三个部分，北片以纪念塔为核心布局的小型广场；中片以纪念广场为核心布局有意义的街头绿地，与北片纪念广场相呼应；南片以硬质铺地突出两个墓门门楼。以对称布局的设计引导视线，形成轴线感，以加强公墓各组成部分之间的联系，以放射结构布局绿地，从而扩大和加强文物的视觉影响范围。

纪念园原貌鸟瞰图（杨一立先生绘）

基地现状

原新一军军长孙立人将军在公墓落成典
礼上留影。新一军被称为蓝鹰部队，鹰是
其标志，由炮弹壳熔冶而成，重约 1.5 吨，
翼展 10 市尺（约 3.3 米），高 8 市尺
（约 2.4 米）

六榕寺花塔

六榕寺是广州市一座历史悠久、举世闻名的名胜古迹，著名文学家苏东坡来寺，见塔畔植有苍绿的榕树六株，欣然题"六榕"寺榜，后来逐渐称"六榕寺"。寺中宝塔巍峨，树木葱茏，文物荟萃。

六榕寺及其周边用地包括宗教寺庙用地、文物古迹用地、居住用地、商业设施等。街区西北部为新中国成立后住宅楼，建筑密度大，街巷空间缺乏组织，中南部保留了部分清末民国居住街区，掺杂高层住宅楼，东面是广东迎宾馆，南部是中山六路商业居住混合地块。

保护规划为街区发展划定了良好框架，维护了传统风貌。

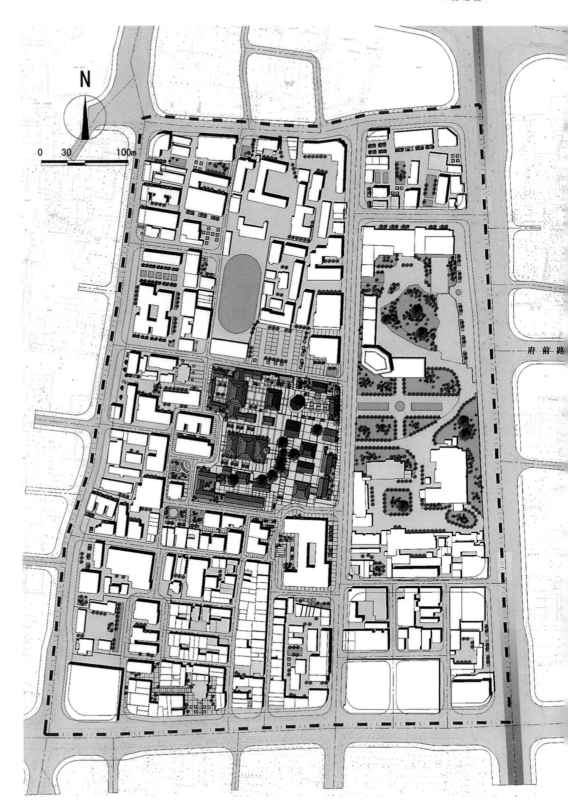

六榕寺周边地段总体规划平面图

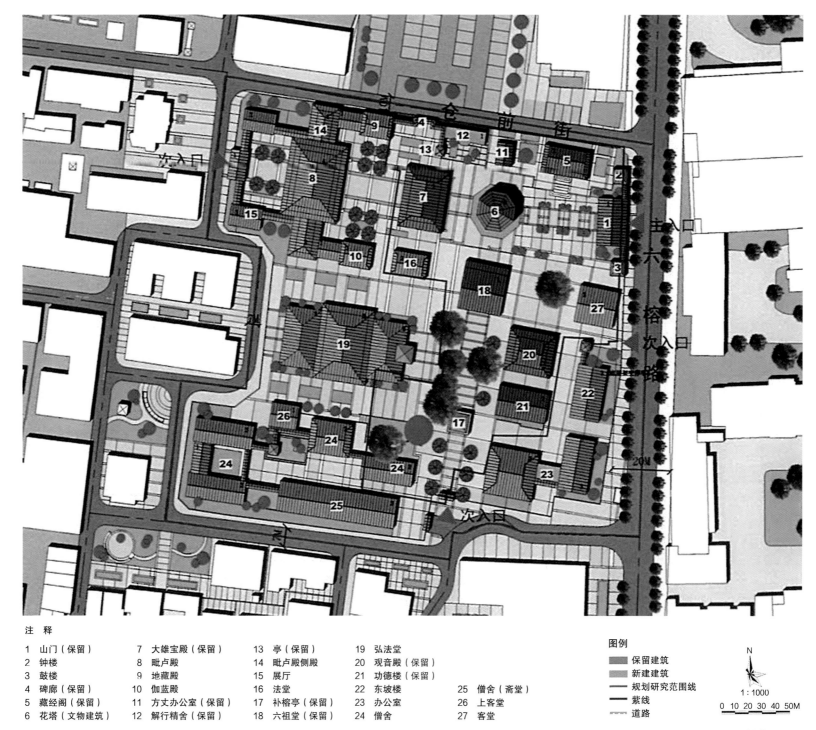

注　释

1　山门（保留）	7　大雄宝殿（保留）	13　亭（保留）	19　弘法堂	
2　钟楼	8　毗卢殿	14　毗卢殿侧殿	20　观音殿（保留）	
3　鼓楼	9　地藏殿	15　展厅	21　功德楼（保留）	
4　碑廊（保留）	10　伽蓝殿	16　法堂	22　东坡楼	25　僧舍（斋堂）
5　藏经阁（保留）	11　方丈办公室（保留）	17　补榕亭（保留）	23　办公室	26　上客堂
6　花塔（文物建筑）	12　解行精舍（保留）	18　六祖堂（保留）	24　僧舍	27　客堂

图例

■ 保留建筑
■ 新建建筑
── 规划研究范围线
── 紫线
⇈ 道路

N

1：1000

0　10　20　30　40　50M

六榕寺平面图

六榕寺街区的社会生态系统是丰富有序的，历史文化保护区与文物建筑应恢复活力和价值，其发展定位应包涵多个层次。未来发展的目标是形成六榕寺佛教文化为主导的文化博览区，具有宗教活动、旅游服务等功能，适宜现代文明生活、人口密度较低的社区。

六榕寺花塔的保护是与六榕寺周边街区的发展与更新紧密相连的，以"保护为本，促进更新，整体控制，分类实施"为原则。强化六榕寺在文化传播、历史教育等方面的功能，提升寺院在现代城市文化层面的影响。利用物质更新的契机，发掘历史的内涵，促进传统文化的延续。

六榕寺花塔旧照

六榕寺花塔新照

广州清真先贤古墓环境整治规划（2009 年）
Guangzhou Muslim Sages Tomb

环境整治规划

古墓复建礼拜殿工程

礼拜殿

千年商都广州与信奉伊斯兰教的中东有着很深的渊源，千年以前就有商人远涉重洋来到羊城。位于原大北城门附近的先贤古墓正是广州与中东世界交往的见证。

先贤古墓片区绿意葱葱，整治规划结合了越秀公园、兰圃园区规划，在维持整体高绿化率的基础上，完整修复了牌坊、古墓道、庭院的风貌。整治成果获得联合国教科文组织专家的肯定。

先贤古墓礼拜殿

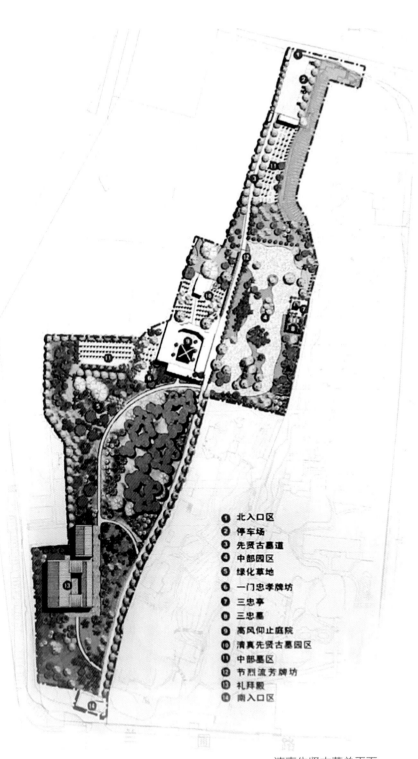

1. 北入口区
2. 停车场
3. 先贤古墓道
4. 中部园区
5. 绿化草地
6. 一门忠孝牌坊
7. 三忠亭
8. 三忠墓
9. 高风仰止庭院
10. 清真先贤古墓园区
11. 中部墓区
12. 节烈流芳牌坊
13. 礼拜殿
14. 南入口区

清真先贤古墓总平面

19 广州天河体育中心规划（1985 年）
Guangzhou Tianhe Sports Center Planning
1987 年度广州市城乡建设优秀设计一等奖
1988 年度建设部优秀城市规划设计三等奖

广州天河体育中心鸟瞰图

天河体育中心是为 1987 年 10 月第六届全运会而设计的主会场，是当时全国一流的具有休息、游览、观赏功能的体育公园。规划设计中力求表现时代感与体育精神。1987 年 4 月完全按照原设计建成并投入使用，第六届全运会的开、闭幕仪式以及主要项目的比赛都在此举行，社会效果良好。

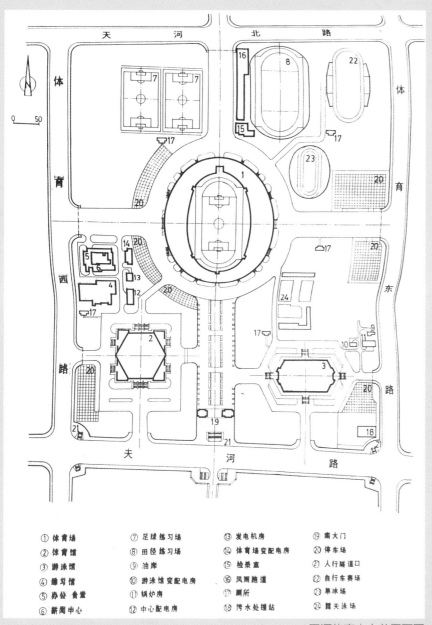

① 体育场　　⑦ 足球练习场　⑬ 发电机房　　⑲ 南大门
② 体育馆　　⑧ 田径练习场　⑭ 体育场变配电房　⑳ 停车场
③ 游泳馆　　⑨ 油库　　　　⑮ 检录室　　　㉑ 人行隧道口
④ 练习馆　　⑩ 游泳馆变配电房　⑯ 风雨跑道　　㉒ 自行车赛场
⑤ 办公餐堂　⑪ 锅炉房　　　⑰ 厕所　　　　㉓ 旱冰场
⑥ 新闻中心　⑫ 中心配电房　⑱ 污水处理站　㉔ 露天泳场

天河体育中心总平面图

广州天河体育中心初落成

建筑篇

广州十香园

Guangzhou Ten Fragrant Garden Project

保护规划与修建性详细规划（2005 年）

建筑与景观修复工程（2006 年）

2007 年度广州市优秀工程二等奖

2007 年度广东省优秀工程设计三等奖

岭南画派发源地 十香园

修复后的十香园

十香园，又称"隔山草堂"，建于清道光年间，是岭南画派师祖居巢、居廉居住和作画授徒的地方。位于广州市海珠区隔山村，背靠海珠涌。十香园由"啸月琴馆"、"金夕庵"、"紫梨花馆"等组成。当年居廉、居巢为方便临摹写生，在园中种植了素馨、瑞香、夜来香、鹰爪、茉莉等十种香花，"十香园"之名由此而来。

改造前的十香园由于年久失修，园内只余数十平方米的"紫梨花馆"也已面目全非，难觅昔日芳踪。根据居家后人口述回忆以及居家后人创作的一幅画作，最终的建筑定位在考古队的专业知识帮助下，通过遗留的墙垣和砖砌地梁结合 20 世纪 70 年代测绘成果了解了整个庭园的建筑布局。通过多方搜集的资料，严谨求真的设计态度与努力，帮助施工顺利完成，重建工作获得社会各界的广泛认可。

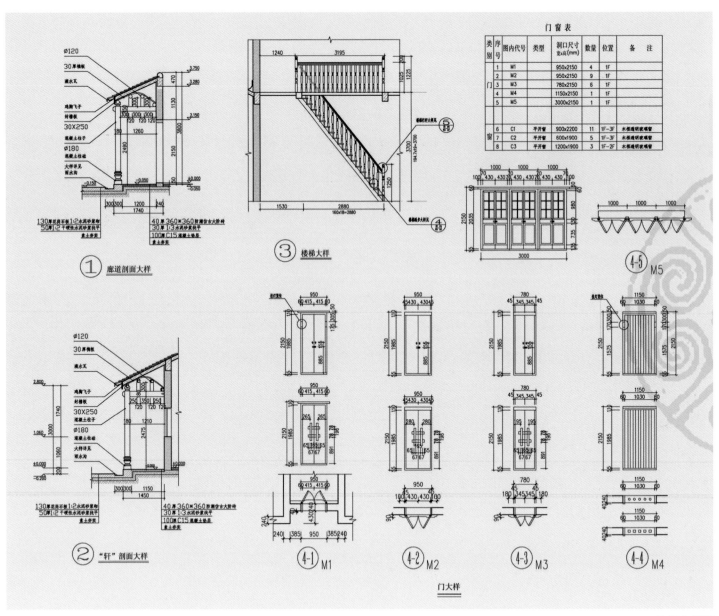

修复大样图

修复后的十香园

北园酒家

有"山前酒家、水尾茶寮"之称的北园酒家开创于20世纪末期，由莫伯治主持设计，为广州第一家古色古香、富有岭南庭园特色的园林酒家。艺术大师刘海粟87岁高龄时，曾到此宴饮，即席挥毫"其味无穷"大字相赠。

酒家绿树掩映、灰瓦青砖的古朴房子，麻石门洞内镶嵌铁梨木大门，两旁对联曰："北郭宜春酒，园林食客家"，与泮溪、南园并称为"广州三大园林酒家"。

艺术大师刘海粟题字"其味无穷"

北园酒家廊桥

酒家内景手绘（林兆璋提供）

　　广州市城市规划勘测设计研究院 1987 年参与北园酒家接待厅的扩建设计。修建过程中拆除了东南院侧小餐厅的屋顶，对原建筑进行加固后加建为 2 层。由于新建部分在平面布置、建筑造型、装饰、工艺及用材方面均贯彻了北园酒家 1957 年的设计理念，十分注意园林环境的保护，在尺度、空间以及细部装饰上没有因接待面积的增加而影响了岭南园林的建筑特色，并在设计过程中考虑历史性的影响，因此该项扩建设计获得了 1991 年广州优秀设计奖，以表彰我院对原设计理念的尊重以及对北园风貌的保护做出的贡献。

山庄旅舍手绘（林兆璋提供）

山庄旅舍修建于 1962 年。我国著名的建筑设计大师莫伯治以"藏而不露、缩龙成寸"的手法将山庄旅舍的庭院景物融入大自然，充分演绎了"相地合宜、构园得体"的传统园林文化。1993 年，白云山庄旅舍荣获中国建筑学会优秀建筑创作奖。其简约、典雅的建筑造型以及与传统岭南园林合二为一的设计手法，至今仍然散发着艺术光芒，给参观的人们留下深刻的印象。它完美地演绎了岭南建筑艺术的精髓，系统地、直观地向人们展现了当代岭南建筑的魅力。

岭南奇舍

江泽民
二〇〇八年元月廿六日

江泽民同志为山庄旅社题字"岭南奇舍"

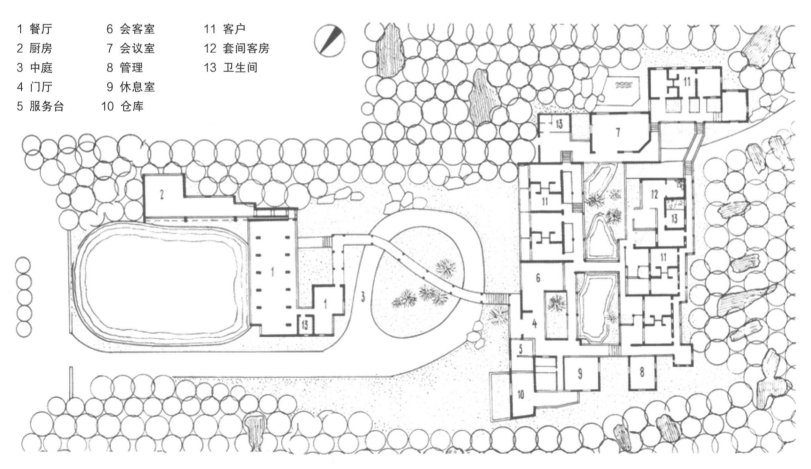

1 餐厅	6 会客室	11 客户
2 厨房	7 会议室	12 套间客房
3 中庭	8 管理	13 卫生间
4 门厅	9 休息室	
5 服务台	10 仓库	

山庄旅舍总平面图

　　山庄旅舍是沿着山溪的地势而建，由于地势的高低差异，其空间上是从前坪开始一直到后院逐步上升。客房部位于餐厅以西的台地之上，游廊蜿蜒上下，在台地坡脚与客房部门厅门廊相连，蹬道、草坡、树石、廊亭高低错落。穿过门厅转至内庭，地面再次抬高，建筑群围合成不规则的封闭庭院，居室、客房沿水庭布置，空间再次缩小。内庭西侧设会议厅，架于水池之上，临水修筑露台，凭眺云山，俯视溪池，成为内庭的视觉中心所在。后院由建筑与悬崖围合而成，山庄的空间序列在此结束，空间层次分明、变化丰富，使人流连忘返。

内院景观（摄影：石安海）

山庄旅舍整个内庭的布局是厅房与庭园风景相互渗透，步移景异，尤其是三叠泉套房、天然厅、天然居等厅房都嵌入了不同的天井与小院，模糊了室内与室外、山林和庭园的界限，形成了公共——半公共——半私密——私密四个空间层次，使客人感受到无处不在的自然景致。由于内庭位于山庄最深处，安静宜人，没有干扰，客人住宿于此，仿佛置身世外桃源，其花树众多，既有挺拔高耸的南洋杉、银杏、枫树、铁冬青等树种，又有花色绚烂的杜鹃、紫藤木棉、玉堂春、山茶、禾雀花等花木。一年四季，浓绿苍翠、花香满园。

山庄旅舍里最古老的树木是一株玉堂春，栽在内庭水池西岸、三叠泉套房的门前。玉堂春又名"皇帝花"、"宫廷树"，古时只有皇帝御花园才能种植，山庄的这株玉堂春是辛亥革命时期从北京故宫御花园移植过来的，如今已超过百年历史。玉堂春旁有一株高大的米兰，它和山庄的国家二级保护植物禾雀花，均是陶铸于 1964 年亲手所栽。

山庄旅舍原址曾建有苏东坡的嫡孙、南宋太尉右丞相苏绍箕修建的苏氏宗祠"月溪寺"，明初改建为岭南著名的"月溪书院"，成为名人墨客汇聚之地。山庄旅舍建成之后，成为广州当时接待领导的主要场所。

前庭（资料来源：石安海摄于 2008 年）

中庭（资料来源：石安海摄于 2008 年）

董必武同志题字"山庄旅社"

后院（资料来源：石安海摄于 2008 年）

及至 2001 年，山庄旅舍已建成并投入使用 40 载。然而，由于长期处于白云山潮湿多雨的自然环境之中，风雨的侵蚀、多年的运营和历史因素影响下，一直未能得到妥善保护与维修，建筑群已日渐破旧，修缮工作迫在眉睫。

山庄旅舍修缮前状况

　　山庄旅舍是我国的岭南庭园建筑精品，其不仅对现当代岭南建筑发展历程影响深远，在中国现代建筑史上也有着重要的地位，政府对这一岭南建筑文化遗产相当重视，并对其展开修复。2001 年 2 月 28 日，山庄旅舍原设计师莫伯治与林兆璋联名主持山庄旅舍的全面装修改造，并对其中 4 幢建筑物进行了修复设计，建设规模合计 8000 余平方米。山庄旅舍的修缮与扩建工程于同年 9 月竣工，使其能重现岭南建筑艺术的光彩，为广州市在政治、经济、文化、旅游等多方面发挥其作用。

修缮后的山庄旅舍

山庄旅舍鸟瞰景观

（资料来源：山庄旅舍）

山庄旅舍纵向剖面手绘（林兆璋提供）

山庄旅舍内院手绘（林兆璋提供）

山庄旅舍内院剖面手绘（林兆璋提供）

山庄旅舍内院手绘（林兆璋提供）

广州南园酒家

Guangzhou Nanyuan Restaurant

23

勘察设计（1963年，莫伯治建筑师事务所、广州市城市规划勘测设计研究院）

扩建设计（1972年，广州市城市规划勘测设计研究院）

扩建设计手绘效果图（林兆璋提供）

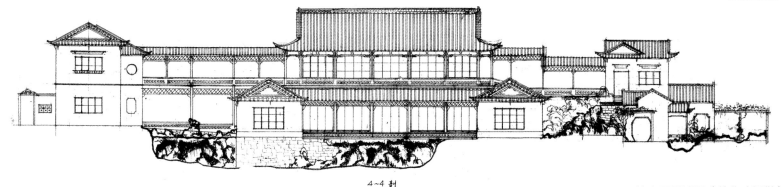

4~4 剖

手绘立面设计图（林兆璋提供）

　　南园与泮溪、北园并称为"广州三大园林酒家"，1963年建成使用后主要用于接待外宾。酒家占地 9600 平方米，绿化面积达 4500 平方米，各建筑单体散落在庭院内，由游廊贯通连接。

　　设计者平地造园、凿池列石、推土成坡，建筑高低参差、虚实相间，布局上将亭、台、楼、阁、榭、堂进行组合，婉转上下，给予食客传统园林空间美的享受。

南园酒家

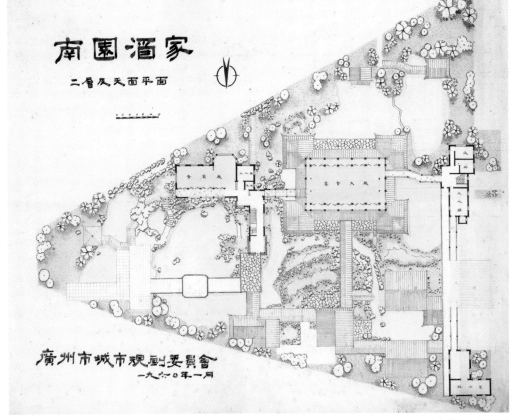

南园酒家平面图

广州宾馆设计手绘（林兆璋提供）

广州宾馆初落成

广州宾馆背面花园

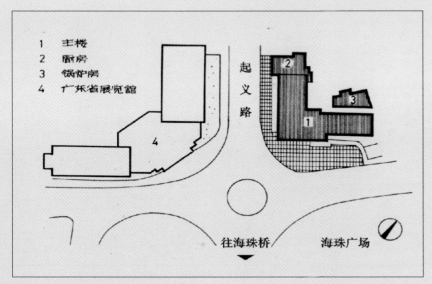

1　主楼
2　厨房
3　锅炉房
4　广东省展览馆

起义路

往海珠桥　　海珠广场

广州宾馆总平面图

广州宾馆坐落于广州市中心环境秀丽的海珠广场，南临珠江，北依越秀山，珠江美景、羊城新貌尽收眼底。20世纪六七十年代曾一度以楼高冠全国而蜚声四方，亦是广州城的地标性建筑，1989年被国家旅游局评为首批三星级涉外饭店。

建筑造型采用高低层结合的处理办法。主楼采用墙板结构，刚度较大，抗震抗风性能好且室内空间无肥梁胖柱。结合岭南多雨多台风的气候特征，主楼里面采用横线条的处理手法，挑出70厘米挑檐，防晒，防雨水渗入室内，外观洗练简洁。

广州泮溪酒家
Guangzhou Panxi Restaurant

勘察设计（1974年，广州市城市规划勘测设计研究院、莫伯治建筑师事务所）
湖中人行廊道加固工程（2007年）

25

泮溪酒家

泮溪酒家位于荔湾湖畔，曾被冠以"全国最大园林酒家"称号，于 1947 年由广州人李文伦、李声铿父子创办，因地处泮溪，附近有 5 条小溪，其中一条叫泮溪，酒楼因此命名。主要历经 1974 年、2007 年两次扩建。

泮溪酒家是国家特级酒家，它坐落于广州荔湾湖荔枝湾畔，与北园、南园一道合称为广州三大园林酒家。其布局错落有致，加上荔湾湖景色衬托，更显得四处景色如画。泮溪酒家的外围粉墙黛瓦，绿榕掩映。酒家内的布局迂回曲折，层次丰富，几组园林重景显耀着民族的睿智。

荔 湾 湖

龙 津 西 路

泮溪酒家平面图

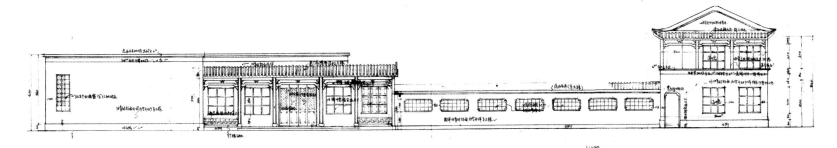

泮溪酒家立面图

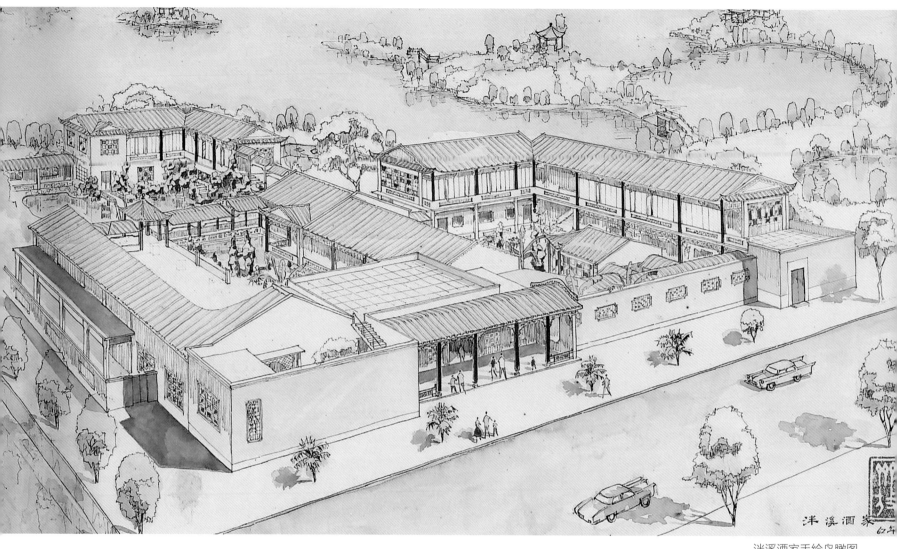

泮溪酒家手绘鸟瞰图

泮溪酒家展现了岭南庭园特色及其装饰艺术的精华，内部迂回曲折，层次丰富。整个酒家由山、池、廊、湖心半岛餐厅、海鲜舫等组成，其布局错落有致，空间层次分明，加上荔湾湖景色的衬托，更显得四处景色如画，妙趣横生。

作为全国最大的园林酒家，20世纪60年代起，泮溪酒家先后接待了英国首相希思、澳大利亚总理弗雷泽、越南主席胡志明、新加坡总理李光耀、美国总统布什、柬埔寨西哈努克亲王、德国总理科尔等外国首脑等。

泮溪酒家迎宾楼

　　泮溪酒家还有出自广东山石名家布谷生、布汉生家族的大型假山，是依据"东坡游赤壁"的图谱而建造的。假山之上是豪华贵宾厅"迎宾楼"。该楼博取粤中岭南名园之精华，楼台飞檐翘角，四面均以五彩花窗装嵌，显得清雅瑰丽。步入楼内，更犹如一座艺术殿堂，这里拥有金碧辉煌的木雕檐楣，泛金套色的花窗尺画，年代久远的古玩饰物，均属珍品。大文豪郭沫若也对此赞不绝口，叮嘱要细加保护。厅堂内还有琳琅满目的酸枝家具、名人字画，令宾客叹为观止。

设计手绘效果图

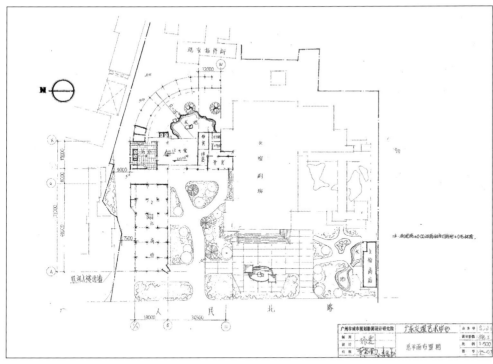

友谊艺术中心改造方案总平面

友谊剧院是一座园林式的现代化多功能剧院，因以外事文艺团体演出为主而得名。剧院坐东朝西，建筑面积6370平方米，座位1609个。剧院平面一反当时流行的"大气魄、大尺度、大空间"的设计手法，在保证观众厅和舞台面积的基础上，尽可能压缩前厅和后台等次要部分的面积，提高前厅的利用率。

主楼梯面对落地式玻璃窗，把观众的注意力引向窗外庭院，楼梯下设水池置石景。改造项目延续了剧院一贯的设计思路，为剧院前厅戴上了新时代的华冠。

友谊艺术中心改造前

友谊艺术中心获奖奖状

广州白云宾馆

27

Guangzhou Baiyun Hotel

勘察设计（1976 年，本院参与）

第二期工程（2002 年）

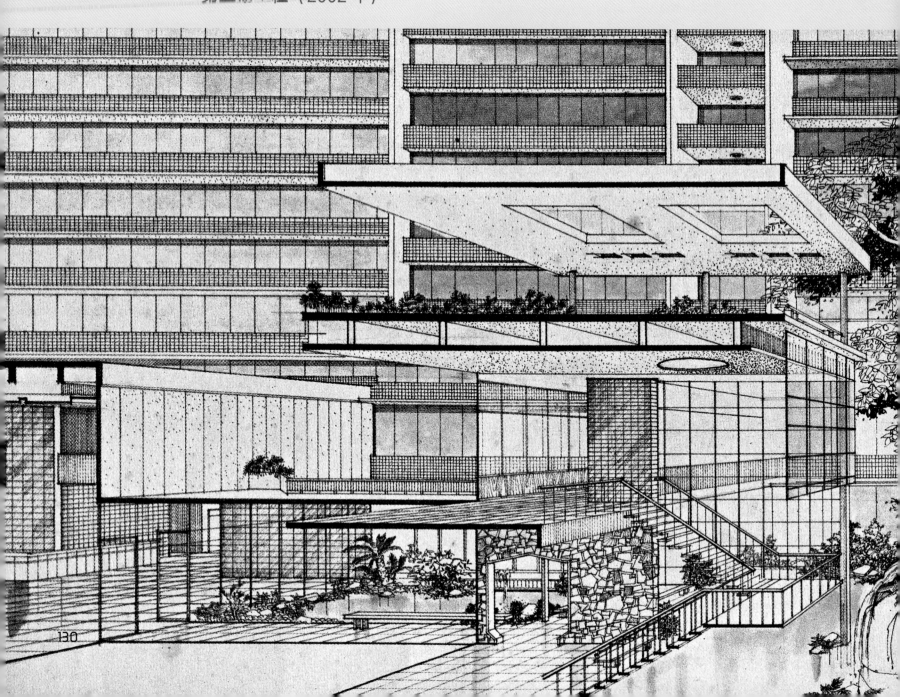

广州白云宾馆是高低层结合的庭院式旅馆，高层部分为客房，底层部分为公共服务设施，利用原有地形结构设置不同大小的室内庭院。联系餐厅与楼梯的中庭是设计的成功之作，中庭利用原有三棵古榕作景点，用人工朔石作护土，通过瀑布、景石、水池，组成了一个变化多端的空间，简朴而丰富优雅，宾馆建成于1976年，建筑师既继承了岭南传统，又勇敢地进行了新的探索。

白云宾馆剖面图（林兆璋提供）

白云宾馆鸟瞰

白云宾馆是广州市政府继东方宾馆扩建（1972 年）之后，兴建于 20 世纪 70 年代的又一座现代化高层宾馆，以便适应当时日益频繁的外贸活动之需。白云宾馆距离原广交会流花管 4 公里，在 1976 年 10 月中旬举行的第 40 届广交会期间投入使用。建成后，白云宾馆替代 27 层的广州宾馆成为国内最高的高层建筑。

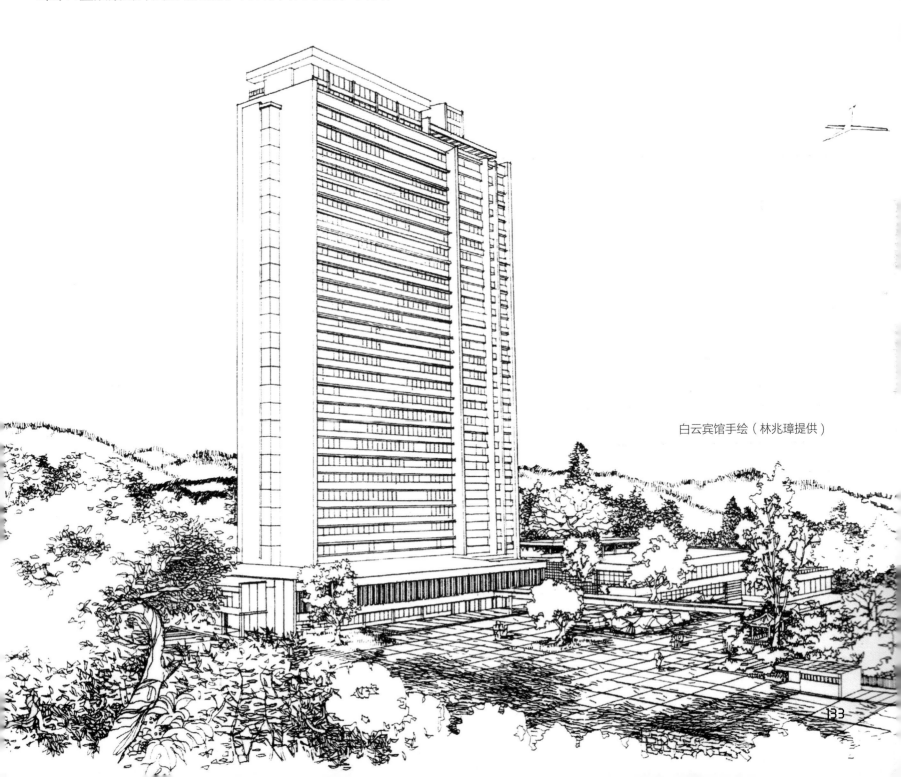

白云宾馆手绘（林兆璋提供）

广州矿泉旅社勘察设计（1975 年）
Guangzhou Mineral Spring Hotel Survey and Design

28

1949—2009 年中国建筑学会建筑创作大奖
1976 年度建设部级优秀建筑设计一等奖

矿泉旅舍

中国建筑学会建筑创作大奖
ASC Grand Architectural Creation Award

1949-2009

项目名称 Project Title

广州市矿泉旅舍

设计单位 Architect

广州市城市规划勘测设计研究院

中国建筑学会颁发
Awarded by Architectural Society of China

2009年12月

矿泉旅社，又名矿泉别墅、矿泉客舍，是一组围绕内庭园开放的3层建筑群，有客房100间。建筑特色在于平地造园，列石凿池，用建筑底层架空组建成泉、瀑、湖、溪的水庭空间，使水体与建筑相互渗透，沟通内外，旅客虽身在客舍却有置身园林之感。

矿泉旅舍飞梯

广州花园酒店
The Garden Hotel

29

酒店施工图设计阶段工程勘察（1985年，获1987年度广东省优秀工程勘测三等奖）

酒店西北区地下车库改造加建工程（2001年）

酒店白金五星级装修改造工程（2006年）

酒店周边社区整治规划、城市广场与地铁站协调规划（2008年）

花园酒店外观

花园酒店

1984 年邓小平亲自题写店名

原国家主席杨尚昆观看邓小平"花園酒店"题字

花园酒店于 1982 年由廖承志、利铭泽倡议兴建，广州岭南置业公司与香港花园酒店有限公司合作经营，1984 年 10 月建成，1985 年 8 月开业，2006 年 9 月重新装修，2014 年底进入广州市历史建筑名录。

酒店是改革开放的硕果、中外合作的典范。她的诞生和发展，得到了中央、省市各级领导和港澳、海内外知名人士的热心扶持，邓小平同志为花园酒店亲笔题写店名。是全国首批三家白金五星级饭店之一，这是中国旅游饭店业的最高级别奖项。

花园酒店位于环市东路南侧，与白云宾馆和友谊商店隔路相望，是一座拥有2140套客房的五星级宾馆。花园酒店的"Y"字形平面、旋转餐厅及总统套房等做法在国内建筑界曾引起轰动效应，是20世纪80年代初广州的重要建筑物，酒店装修被认定为"白金级"，21世纪前在"北上广"仅有一间。

11层客房改造平面 1:150

B1 2套间大床房 64M² 18间
R2 2套间双床房 64M² 5间
C1 1套间大床房 32M² 3间
H 1套间残疾人双床房 32M² 1间

"白金级"酒店客房装修

花园酒店第11层平面图

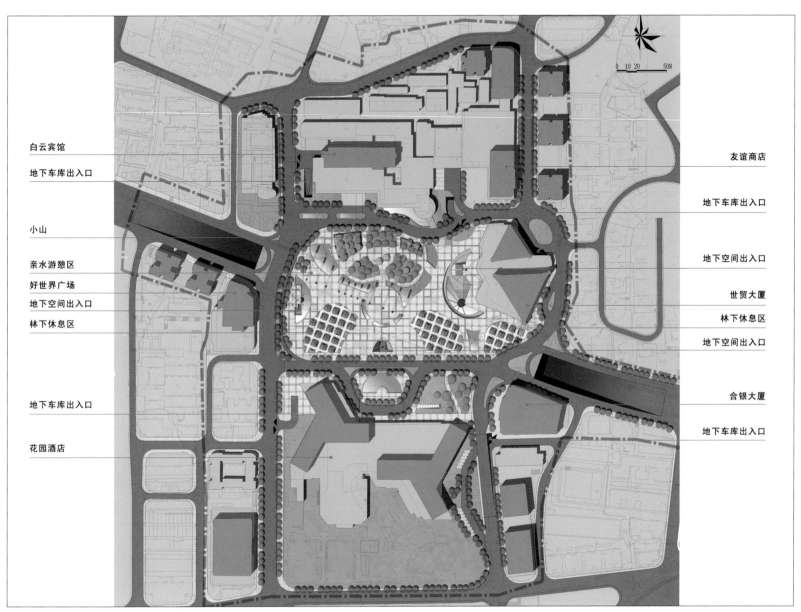

白云宾馆

地下车库出入口

小山

亲水游憩区

好世界广场

地下空间出入口

林下休息区

地下车库出入口

花园酒店

友谊商店

地下车库出入口

地下空间出入口

世贸大厦

林下休息区

地下空间出入口

合银大厦

地下车库出入口

0 10 20　　50M

周边整治与地铁协调规划

花园酒店大堂

酒店大堂的装饰设计融合了中西文化艺术特色。拥有巨大的大理石贴金壁画，整幅壁画取材于中国文学巨著《红楼梦》中"刘姥姥入大观园"，生动再现了金陵十二钗的生活情趣，令人叹为观止。与金碧辉煌的"大观园"壁画相对的是色调素白、画面简洁的另一幅壁画，其内容与"大观园"所反映的古代封建家庭的奢华生活场景形成鲜明对比，名为"广东水乡风貌"。只用简单有力的黑线条，勾画出广东水乡质朴的风土人情。大堂正中央天花上镶有广东省最大的"金龙戏珠"藻井。这条金龙的周围由木刻方格星型图案檐蓬围绕。这一图案是仿照中国古代皇宫殿顶设计，代表着座下的皇帝是真命天子，有金龙护顶。大堂的右边有一幅红棉树壁画（热情如火的红棉花是广州市市花，亦被巧妙地融入广州花园酒店的店徽内），代表着挺拔向上的奋发精神。此外，还有漆画"百美图"、"百骏图"，以及一道古色古香的旋转柚木楼梯，更使大堂洋溢着高尚、典雅的气派。

花园酒店大堂

30

广州塔影楼文物保护与利用方案（2002 年）
Guangzhou Taying Cultural Relics Scheme
广州市城市规划勘测设计研究院
广州岭南建筑研究所

改造设计手绘
2009.12

塔影楼位于广州市荔湾区粤海关大楼对面的沿江西路36号，是一栋屹立在珠江边上的墨绿色4层楼房。塔影楼是新会籍陈少白先生所建的联兴码头事务所兼住宅。塔影楼4层为西式洋房、顶层为中式四檐滴水，在珠港之夜确如灯塔。它与欧洲传统形式的海关大楼斜斜"对立"。它的作用不仅在于经济上，因为自清朝丧权辱国以来，中国海关被国外势力所渗透或控制，直至1921年孙中山为总统的中华民国军政府颁令收回海关管理权之时，港英当局竟派兵前往粤海关进行恫吓，一些外国使团亦叫嚷"不准干预海关行政"。故云当年兴建塔影楼经得广州政府同意，是颇有依据与原因的。

虽然经历了20世纪20年代各派政治势力的残酷斗争，经历了日敌侵华的战火，经历了蒋家王朝的逃亡潮，经历了"文革"动乱的冲击，塔影楼以其坚实的基础和钢筋混凝土框架结构，保留着原有的风韵。

塔影楼改造前

塔影楼改造后

　　文物保护应与文物再利用相结合，本构思在保留原建筑外形特征和室内历史文物的基础上，将"塔影楼"与传统岭南茶楼的室内装饰装修元素相结合，使"塔影楼"成为广州一处高档的"茶室"，让客人在体验历史氛围的同时享受茶点，维护建筑的运营。

塔影楼二层茶室设计手绘

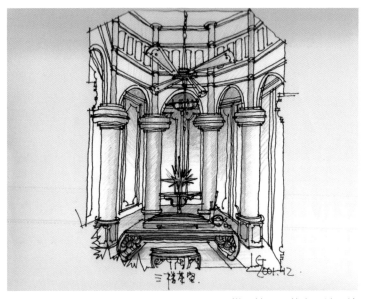

塔影楼三层茶室设计手绘

首层茶室入口

岭南会文化展示馆

岭南会文化展示馆位于二沙岛，珠江北岸，垂直于珠江，总用地面积 5136 平方米，总建筑面积 8198 平方米。方案将建筑物按 45 度布置，并以台阶式逐步向后抬升，以达到最大的江景面，满足项目业主的要求。

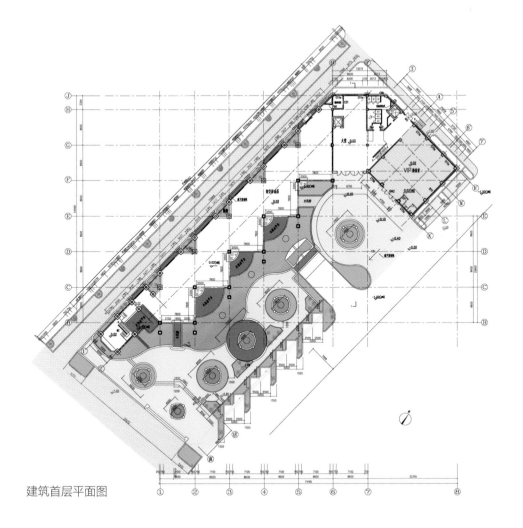

建筑首层平面图

建筑物地面为6层，地下为一层，地面以上为展览和办公所用，地下为设备房和车库。因为两个业主的使用功能不同，所以在设计中经过反复的推敲和沟通后，决定采用可分合的空间。

在每个空间都设置独立的厨卫系统和空调系统，使得既可以作为私人藏品展览空间，也可以将全部空间连通，作为一个大的展览厅，空间上更加灵活。

为了适应业主的使用要求，在有限的用地范围内，还设置了两个大堂入口来应对不同的场合。

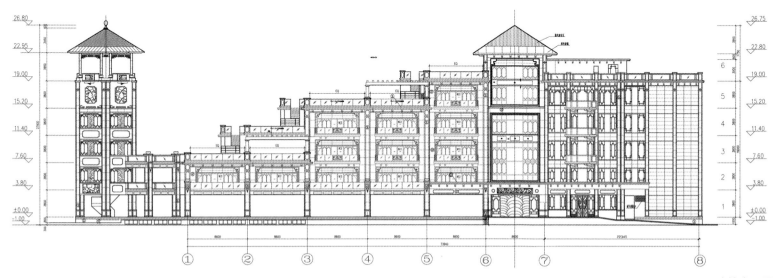

建筑立面图

在建筑物面临珠江处，设置一个流程的观光塔，观光塔内设置茶座，成为观赏珠江景色、凭栏赏月的好去处，观光塔也成为了北岸天际线的一美景。

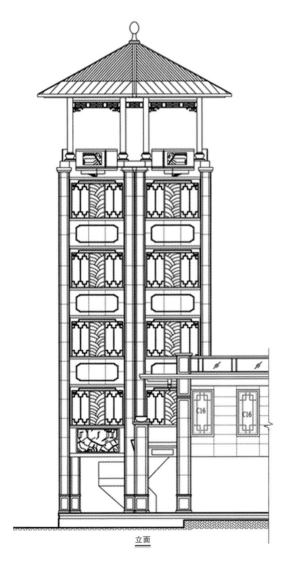

立面

岭南会文化展示馆观光塔

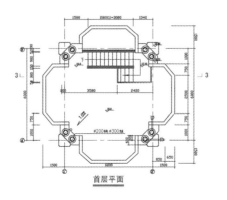

首层平面

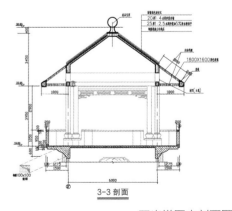

3-3 剖面

双光塔平立剖面图

建筑布局从岭南四大名园之一"东莞可园"得到灵感，退台屋面有仿园林山水小景，有仿矿泉旅舍的"飞梯"数把，将远处江景、近处园林、旧时回忆、现代岭南融于一体。逐步向后抬升则形成多层面临江露台，适合南方户外活动。外墙运用了传统的石材作为主材料，采用传统的广式雕花工艺，将广州传统西关大屋的满洲窗彩色玻璃手法运用到檐口中，在阳光照射下产生动人的色彩光影效果，既传承了岭南建筑的历史风格，也发展了岭南建筑的特色。底层根据南方天气的特点进行架空处理，并采用广州传统的骑楼手法，和岭南建筑一起形成向南的半围合空间，是岭南传统建筑空间的新发展。

飞梯

满洲窗彩色玻璃元素

32

广州市惠爱医（癫）院提升改造项目勘察设计（2015 年）
Guangzhou Huiai Hospital Upgrading Project

改造效果图

惠爱医院坐落于白鹅潭湾畔，由美国基督教嘉约翰医生（John Kerr）于1898年创办，是东亚第一家精神病医院，填补了中国精神卫生视野的空白，推动了中国精神病学的发展。医院历经不同团体、政府接管，现保留有"惠爱楼"等八栋清末民国时期历史建筑。

现保留的历史建筑

历经百年后，2015 年我院主持设计的医院提升改造工程引入了先进的"医院街"布局概念，利用旧建筑与新建筑之间的空间形成一条综合了就诊、康复、景观、历史于一体的医院街，提升了医院运作效率，让新建筑呼应旧建筑，激发出新的生命力。

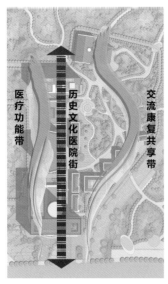

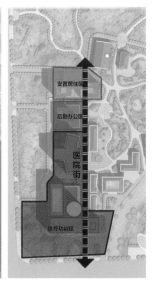

功能布局分析图 　　　　　　　　　　　　　　　　　　　　　　　功能布局分析图

医院街设计效果图

改造工程毗邻医院街布置了"康复治疗区"，对比原康复流线作了简化，同时在保护院区历史建筑基础上设置了充满历史人文气息的会议厅、实验室、医疗教育间等，结合注重保护医院原有植被,利用珠江岸景绿化带营造交流共享区，让无论是病人还是家属都能在自然环境中交流、游憩。

医院重新整合之后，其功能更能满足现代化医院医疗使用要求，功能流线合理，医患分流，洁污分流。明爱楼位于医院主轴线的中心位置，是医院的保留建筑，改造工程对

其进行了升级改造、增设污梯，更好优化其洁污路线，使之成为主要功能区的有机组成部分。

东侧的康复交流共享带包括报告楼与历史建筑，设计把人流较多、需要大跨度空间会议报告功能独立设置为会议楼，与周边历史建筑形象一致，保护建筑通过还原坡顶和外墙翻新等修旧如旧的措施，恢复原有历史风貌，使其在保证安全性及整体性的原则下进行改造。

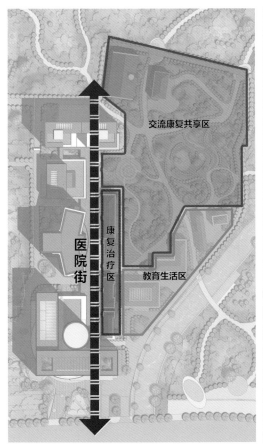

改造布局分区

33

广州粤剧红船码头项目（2015 年）
Guangzhou Cantonese Opera Red Ship Port Project

粤剧红船码头原貌

粤剧红船码头项目是广州市弘扬粤剧文化的十大重点项目之一，是以粤剧红船码头为平台，以粤剧红船为突破口，用时尚元素恢复古老传统文化，打造粤剧文化新名片的新舞台，是集美食、旅游、观赏、粤剧合唱为一体的娱乐园，为广州的文化创意产业升级带来新风向。

方案从城市空间出发，在城市 CBD 中创造出多种多样的立体岭南园林空间，用规则形状的院落来回应传统岭南园林的尺度和特征，将首层架空，让珠江的气息流入院落中，使游客不自觉地进入。突出水院交织的特色景观，每个院落都有不同的主题与功能，还原珠江两岸亭台楼阁交错的景致，激起市民的集体回忆氛围。

粤剧红船码头设计鸟瞰效果图

粤剧红船码头中式元素

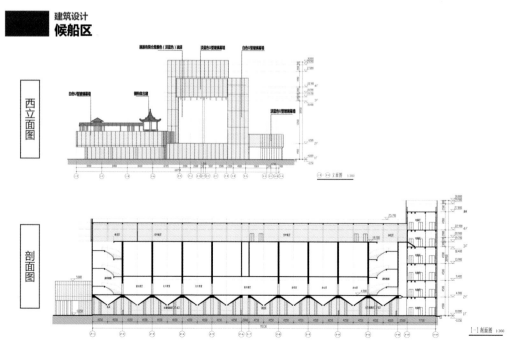

西立面图

剖面图

粤剧红船码头方案效果图

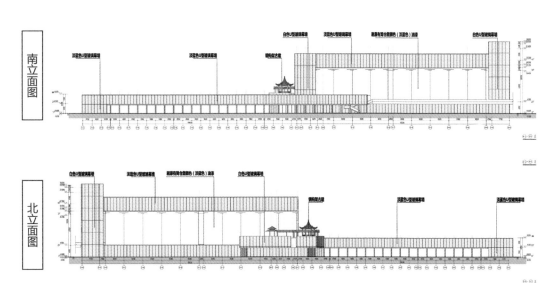

南立面图

北立面图

34

广钢集团刀剪厂厂房改造工程（2016 年）
Guangzhou Cutlery Factory Renovation

改造鸟瞰效果图

清嘉庆年间，广州佛山一带手工业发达，1796年"岐利"字号打铁铺在广州西门口开市，前店后炉打造菜刀利器，品质优良逐步闯出名声，铺头商标后演变为"何正岐利成记"，新中国成立后归入广州钢铁集团，在芳村设厂变为广州刀剪厂（南方厨具公司）。

厂区现状鸟瞰

厂区内部现状

厂区外观现状

厂区现状建筑密度低，可种植改造面积大，厂房框架结构完整，改造更新基础扎实。改造设计充分利用厂区各组团周边的不规则地形位置再造景观，让在此修养的住户每行往一处都身经绿荫小道，亲密接触自然，放松身心。

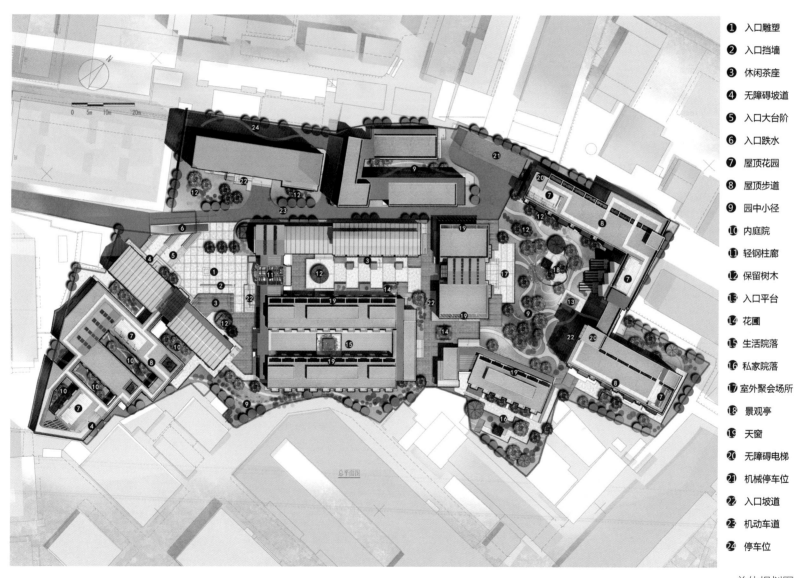

❶ 入口雕塑
❷ 入口挡墙
❸ 休闲茶座
❹ 无障碍坡道
❺ 入口大台阶
❻ 入口跌水
❼ 屋顶花园
❽ 屋顶步道
❾ 园中小径
❿ 内庭院
⓫ 轻钢柱廊
⓬ 保留树木
⓭ 入口平台
⓮ 花圃
⓯ 生活院落
⓰ 私家院落
⓱ 室外聚会场所
⓲ 景观亭
⓳ 天窗
⓴ 无障碍电梯
㉑ 机械停车位
㉒ 入口坡道
㉓ 机动车道
㉔ 停车位

总体规划图

因广钢集团转型，刀剪厂依托厂房周边珠江医院优秀的医疗与服务团队，改造旧建筑，更新功能，规划目标成为拥有 250 个床位，对内功能完善，对外开放提供看护的养老社区。

厂房改造设计基本保留建筑风貌，维系 20 世纪苏联式厂房建筑的红砖风貌，改建部分利用轻钢加玻璃加载原有建筑外部，不影响原有建筑的结构和体系。对东西墙进行封补，以提高墙面热工性能，保留南北墙面原有立面窗洞尺寸，装配式轻钢阳台和凸窗悬于建筑外部，内部不设夹层，不增加基础荷载；公共区域设置活动隔墙，按照实际需要可分可合，增加空间灵动性。

厂房旧立面

改建后立面

改建后效果图

防滑无障碍坡道　　　休闲座椅　　　防滑漫步道　　　连接室内景观廊

改造后效果图

35

顺德糖厂改造更新项目（2016 年）
Shunde Sugar mill Renovation

本院参与

厂区鸟瞰

顺德糖厂是中国第一家机械化糖厂，见证了从民国时期到改革开放以后，民族制造业与制糖业的起步与发展。项目基地背靠顺峰山，顺峰山公园是顺德"新十景"之一，更是顺德城市之肺。南临容桂水道，且处于两江交汇之处。基地背山面水，坐北朝南，两江汇流自然环境优美。

核心厂房原为欧洲捷克斯柯达援建，属于国宝级文物遗产，厂区周围有大量旧改项目，具有较高的文化属性与空间趣味，配合顺德未来珠江口大湾区与港澳的联动，协同发展形成区域影响力。

糖厂写生（余本 1963 年）

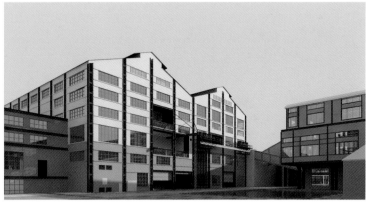

国家级文物保护单位：糖厂工厂

厂区改造鸟瞰图

西关荔枝涌

广州西关（荔湾）一带兴建的富有岭南特色的传统民居，主要分布在多宝路、宝华路、龙津西路、上下九路等地，多为名门望族、官僚巨贾所建。西关在明朝已成为广州城区的商业中心，十八甫在明代已逐渐形成。而西关角形成于清代同治、光绪年间，范围包括文昌桥、大观桥、泮塘、昌华园一带。

西关大屋多为砖木结构，青砖石脚，高大正门用花岗石装嵌。其平面布局按传统的正堂屋形式，基本向纵深方向展开。其典型平面为三间两廊，左右对称，中间为主厅堂。但随着经济的发展与文化的传播，传统的西关大屋在建筑形式上也受到了外来文化的影响，比较典型的有陈廉伯、陈廉仲公馆。

西关大屋内景

西关民俗馆

陈廉伯故居

龙津西路逢源北街 84 号是民国时期英商汇丰银行买办陈廉仲的住宅。民国时，陈廉伯为首的一班洋务人员、工商界头面人物组织的"荔湾俱乐部"就设在陈廉伯、陈廉仲兄弟的豪华住宅内。荔湾俱乐部的楼房、庭园建筑充分表现当年设计者把西关大屋的建筑特色与西洋建筑风格相结合。逢源北街 84 号主楼的建筑面积有 900 平方米，是中西合璧的三层砖木混合结构的洋楼，现作荔湾博物馆；庭园有 1300 多平方米，建有由水池、石山、花木组成的"风云际会"一景和凉亭供主客人休闲憩息。

"风云际会"

陈廉伯公馆位于龙津西路逢源沙地一巷 36 号，建于民国初年。坐东向西，为一座具有欧式风格的洋房，钢筋混凝土结构。首层正门入口两侧各设一壁灯，外墙为水刷石，装饰线脚丰富，具有"巴洛克"格调，地面铺设大理石砖，柚木门窗，做工精细；楼南侧设旋转楼梯直上二至六层，铁铸楼梯栏杆。

　　由于年久失修，且缺乏管理，现建筑外墙与内部均有严重损坏。

早期陈廉仲故居

陈廉仲故居

商场效果图

在原规划中，商场和万木草堂是两幢并列的建筑，商场首层是全封闭的,它把万木草堂和中山四路完全分隔开来了。现在的方案把商场正对万木草堂的首层三跨全部架空，不设一根柱子，规划为一个开敞的广场，使万木草堂和中山四路之间没有任何视线遮挡，突显万木草堂作为文物建筑的全貌，使其与商业建筑之间形成相得益彰的和谐共处关系。

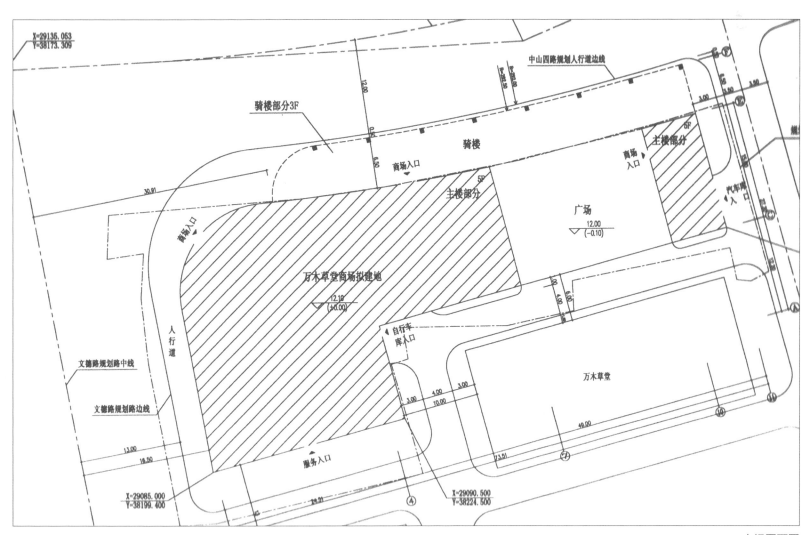

商场平面图

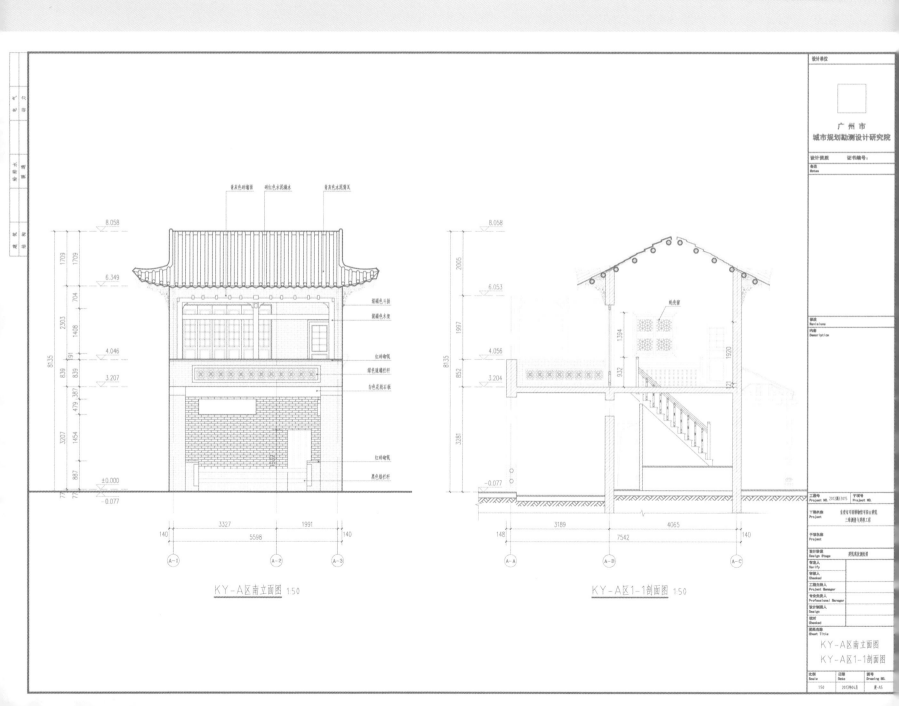

KY-A区南立面图 1:50

KY-A区1-1剖面图 1:50

专利证书

　　2010 年 12 月引进了 RIEGL VZ-400 地面三维激光扫描仪及数据处理平台。在前期科研的基础上，积极拓展地面三维激光扫描技术在数字城市建设、"三旧"改造、古文物保护、大型建构筑物健康监测等领域的应用。2012 年，我院完成"东莞市可园博物馆可园古建筑三维测量与建模"项目，该项目精度要求高，表达要求细致，难度大，对三维激光扫描测绘新技术在历史文化名城古文物保护领域的推广应用具有重要的标志性意义。

东莞可园测量实景

多旋翼无人机　搭载高精度摄像头

固定翼无人机　智能大面积连拍

车载多传感器移动激光测量系统

广州市城市规划勘测设计研究院积极利用无人机航摄与三维激光技术融合勘测，在大比例尺地形测绘、应急测绘、城市土地变化监测、城市违章建筑监测等领域得到了应用。

车载多传感器系统集成了 RIEGL VZ-400 激光扫描仪、天宝 GPS 接收天线、全景相机、惯性导航系统、里程计等设备，采集的可量测影像数据已被广泛应用于数字城市、数字城管、安保巡查、街景地图、环境监测等领域。

利用无人机航摄与三维激光技术融合勘测，快速生成的广钢新城历史风貌区虚拟仿真三维模型与 DOM 成果。通过新技术的应用与开发，基地大环境的开发与勘测效率得到了大大提高，有助于文物保护工程勘察工作。

无人机拍摄场地照片

东莞可园数字信息综合展示平台

传统测绘技术难以完整、精细地记录古建筑园林复杂的结构体系、精致的材质工艺等全面的信息，本方案采用先进的三维激光扫描结合数字摄影测量等多种现代测绘技术，实现了对园林多维度、多层次、多视角的记录与描述，除了建立精细的三维模型，绘制建筑平立剖面等常规作业，更采用虚拟仿真技术、网络数据库技术集成开发了古建筑园林综合展示与管理分析平台。

古建筑园林综合展示与管理分析平台实现了园林的高精度线下展示与高效的互联网线上展示，带给游客与线上浏览者身临其境的沉浸感，也能给专家学者提供准确、全面的古建筑研究素材与工具。

参照《城市三维建模技术规范》CJJ/T 157–2010、《三维地理信息模型数据库规范》CH/T 9017–2012、《三维地理信息模型生产规范》CH/T 9016–2012、《三维地理信息模型产品规范》CH/T 9015–2012，广州市城市规划勘测设计研究院编制了《古建筑园林三维激光扫描测量与建模规程》，建立了规范化的古建筑园林三维激光扫描建模及系统开发的生产技术体系。

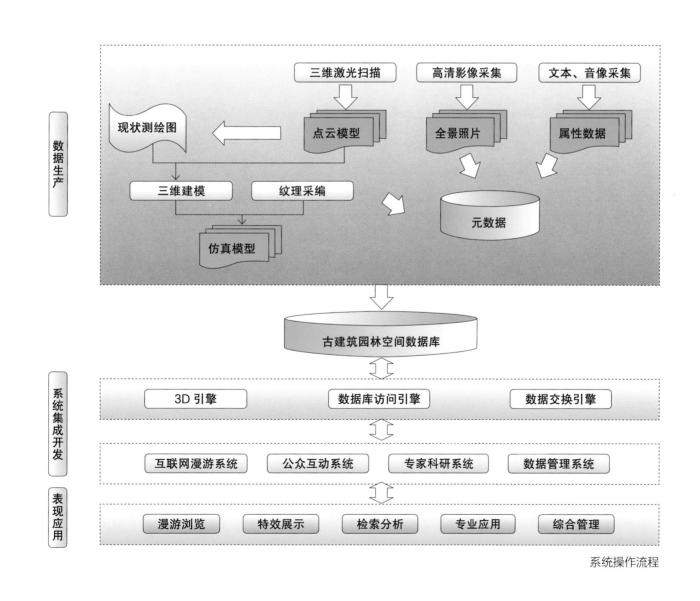

系统操作流程

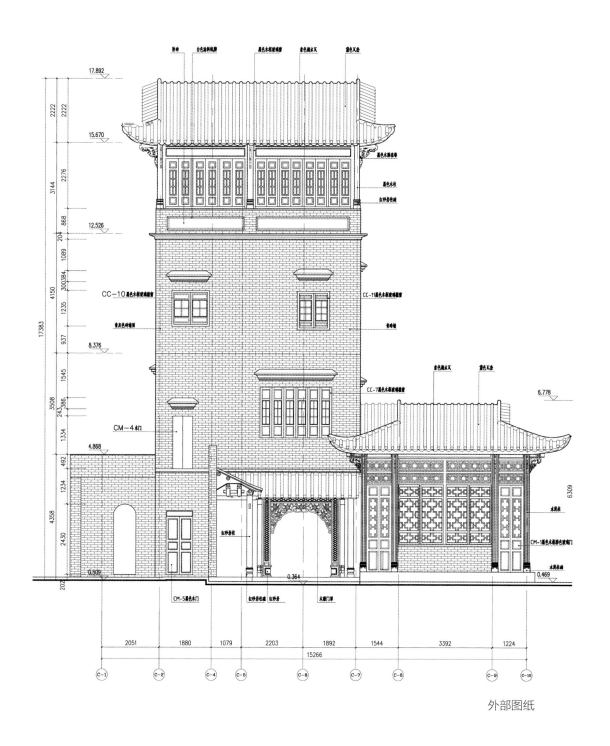

外部图纸

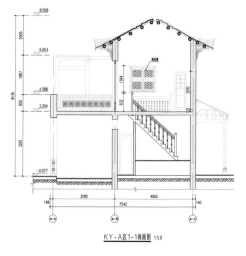

KY-A区1-1剖面图 1:50

内部图纸

利用点云信息数据，无论是建筑外部还是内部结构，都可以快速帮助测绘师建立模型与图纸信息，达到精度与效率双高。

一级模型为点云数据，使用地面三维激光扫描仪进行数据采集，采集精度优于5mm。结合二、三、四级模型，可以实现多细节层次无缝切换展示，展示内容丰富，提高漫游系统效率。

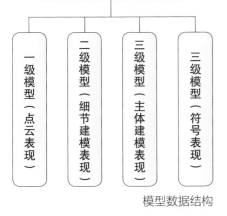

模型数据结构

东莞可园一级点云模型

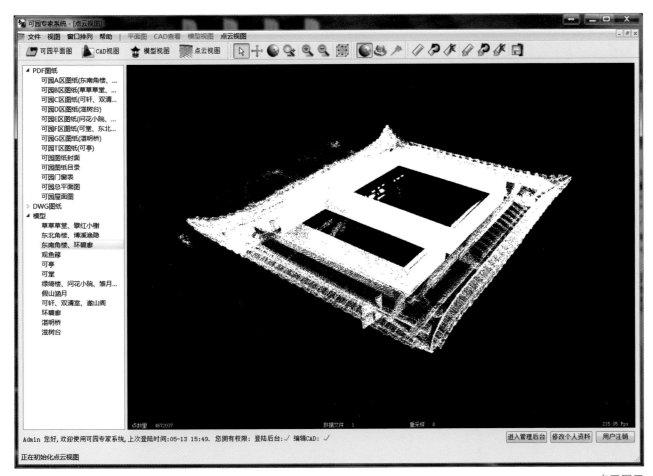

点云展示

精读优于 5mm 的点云信息数据量巨大，读取不易，系统设计了分模块提取的功能，可提高读取速度。

点云信息库虽然暂时无法全部被解读、利用，但作为真实建筑的准确详实记录，在未来肯定有巨大的价值。

系统除了集成建筑园林的基础物理数据，也集成了园林导游语音、展品与历史沿革数据等人文数据，建立了更完整的古建筑园林集成数据库系统。

利用一级模型拼合拟态误差小于 5cm 的特性，可以在传统测绘的基础上绘制高精度节点大样图，高仿真保留历史建筑细部信息，使得在建模等应用上能做到更细致和接近，效果更好。

字画数据

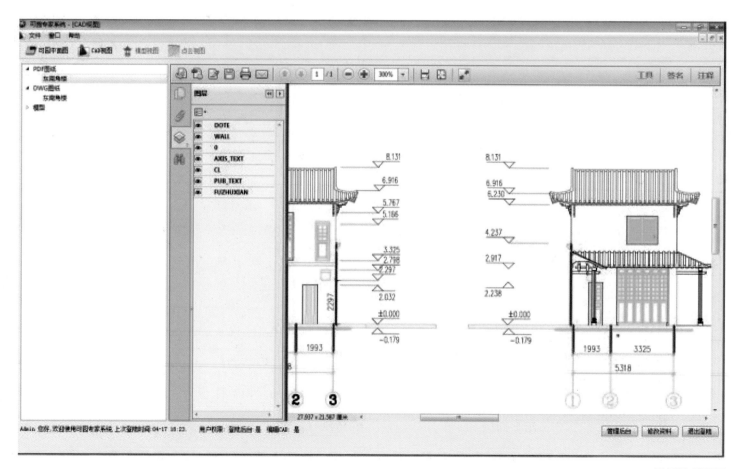

图纸管理界面

数字信息综合展示平台

系统建设旨在实现古建筑园林数字档案的总体规划部署和有效实施，系统平台包括互联网漫游、公众互动系统、专家科研系统、数据管理系统。

其中公众互动系统可以实现客户端与演示机器的浏览漫游、查阅、建筑结构拼合与拆分、树木光影摇曳、门窗开合、水波荡漾等动画效果。

专家科研系统可以实现园林的完整恢复，集成了可以安全储存、调用、更新的建筑平立剖面图纸，并可以实现基于点云的尺寸、表面积、体积量化计算，实现点云与模型的对比查看功能。

广州市城市规划勘测设计研究院文物保护工程勘察设计项目收录表
（1957-2015年）

文保单位	保护等级	项目名称	工程等级	市级奖项	省级奖项	部级奖项	文物保护工程勘察设计资质类型一
南越国宫署遗址	国家级	1：500现状地形图	三级工程				古文化遗址古墓葬
	国家级	放界桩	三级工程				古文化遗址古墓葬
	国家级	南越王博物馆整治工程管线规划综合设计	三级工程				古文化遗址古墓葬
	国家级	南越王墓文物仓库办公楼	三级工程				古文化遗址古墓葬
中山纪念堂、中山纪念碑等	国家级	广州传统城市中轴线城市设计深化规划（涉及中山纪念堂、中山纪念碑、解放军进城式检阅台旧址、广州解放纪念像等文物保护单位周边规划设计）	一级工程				文物保护规划编制
	国家级	放线测量	三级工程				近现代重要史迹及代表性建筑
	国家级	放界桩、地形图测绘	三级工程				近现代重要史迹及代表性建筑
三元里平英团旧址	国家级	三元里抗英纪念馆周边地区控制性详细规划	一级工程				文物保护规划编制
广州沙面建筑群	国家级	沙面历史文化保护区保护规划（2004年详细规划）	一级工程				文物保护规划编制
	国家级	广州沙面近代历史文化保护区整治规划	一级工程		2003年度广东省城乡规划设计优秀项目一等奖	2003年度建设部优秀城市规划设计三等奖	文物保护规划编制
南雄珠玑古巷	国家级	南雄珠玑古巷保护综合规划	一级工程	1996年度广州市第八次优秀工程设计二等奖	1996年度广东省城镇优秀规划设计三等奖		文物保护规划编制
广州陈氏书院	国家级	陈氏书院交通绿化广场规划	一级工程		1999年度广东省城乡规划设计、测绘成果优秀项目二等奖	2000年度建设部优秀城市规划设计表扬奖	文物保护规划编制
	国家级	陈氏书院交通绿化广场工程设计	二级工程				古建筑
	国家级	陈氏书院交通绿化广场测量	二级工程				古建筑
	国家级	陈氏书院交通绿化广场测量	二级工程				古建筑

文保单位	保护等级	项目名称	工程等级	市级奖项	省级奖项	部级奖项	文物保护工程勘察设计资质类型一
清真先贤古墓	省级	清真先贤古墓环境整治规划	三级工程				文物保护规划编制
	省级	清真先贤古墓维修环境整治工程	三级工程				古建筑
	省级	清真先贤古墓复建礼拜殿工程	三级工程				古建筑
五仙观	省级	五仙观及观前绿化广场规划	二级工程				文物保护规划编制
	省级	五仙观及绿化广场工程勘察	三级工程	2004年度广州市城乡规划设计优秀项目三等奖			古建筑
	省级	古建筑测绘	三级工程				古建筑
	省级	五仙观第二期景观设计	三级工程				古建筑
十九路军淞沪抗日将士坟园	省级	十九路军陵园景区轴线规划	二级工程				文物保护规划编制
	省级	放桩	三级工程				古建筑
六榕寺	省级	广州市六榕寺及周边地段保护规划	二级工程				文物保护规划编制
	省级	六榕寺花塔沉降观测	三级工程		1987年度广东省优秀工程勘察二等奖		文物保护规划编制
骑楼(旧民居建筑)	市级	广州市骑楼街保护与开发规划	二级工程		2003年度广东省城乡规划设计优秀项目二等奖		文物保护规划编制
西关大屋建筑	市级	广州西关传统街区与荔湾风情保护规划	二级工程				文物保护规划编制
新一军印缅阵亡将士公墓	市级	"新一军"印缅阵亡将士纪念公墓及周边地区环境整治与保护规划	二级工程				文物保护规划编制
解放军进城式检阅台旧址	市级	广州市政府大院改造规划	二级工程				文物保护规划编制
黄埔直街、盘石大街	市级	黄埔直街、盘石大街重点地段保护规划	二级工程				文物保护规划编制
唐家旧区	市级	珠海市香洲区唐家旧区保护控制性详细规划	二级工程				文物保护规划编制
大佛寺	市级	大佛寺周边地区城市设计	二级工程				文物保护规划编制
三元里平英团旧址	国家级	广州市三元里测区1:500地形图数字化成图	一级工程				文物保护规划编制
重庆市渝中区南宋抗蒙遗址公园	国家级	重庆市渝中区南宋抗蒙遗址公园保护规划	一级工程				文物保护规划编制
佛山岭南天地	省级	佛山岭南天地项目1地块、14地块省级市级文物保护单位保护规划编制	二级工程				文物保护规划编制
大佛寺	省级	大佛寺大殿保护规划	二级工程				文物保护规划编制

文保单位	保护等级	项目名称	工程等级	市级奖项	省级奖项	部级奖项	文物保护工程勘察设计资质类型一
佛山市禅城区市级文物保护单位	省级	佛山市禅城区67处市级文物保护单位保护范围规划	二级工程				文物保护规划编制
黄石市	国家级	黄石市历史文化名城保护规划	一级工程				文物保护规划编制
佛山市历史文化名城	国家级	《佛山市历史文化名城保护规划修订（禅城部分）》实施评估与调整报告	一级工程				文物保护规划编制
梅州市大埔县百侯镇	国家级	梅州市大埔县百侯镇总体规划及百侯镇历史文化名镇保护规划（2013-2030）	一级工程				文物保护规划编制
梅州市大埔县三河镇	省级	梅州市大埔县三河镇总体规划及三河镇历史文化名镇风貌保护规划（2011-2020）	一级工程				文物保护规划编制
广州珠村	省级	广东省历史文化珠村保护规划	二级工程				文物保护规划编制
白云山风景名胜区	市级	白云山风景名胜区总体规划	二级工程	1999年度广州市城乡规划设计、测绘成果优秀项目二等奖			文物保护规划编制
	市级	广州市白云山西侧绿化带休闲带规划	三级工程	2001年度广州市优秀工程设计三等奖			文物保护规划编制
	市级	广州市白云区1：5000地形图缩编	三级工程	2000年度广州市优秀工程勘察设计二等奖			文物保护规划编制
北京路	市级	北京路商业步行街环境整治规划设计	二级工程		2001年度广东省规划设计优秀项目三等奖		文物保护规划编制
第十甫路、下九路	市级	广州第十甫路、下九路传统骑楼商业街立面整治规划	二级工程	2000年度广州市优秀工程设计三等奖			文物保护规划编制
天河体育中心	市级	天河体育中心规划	三级工程	1987年度广州市城乡建设优秀设计一等奖		1988年度建设部优秀城市规划设计三等奖	文物保护规划编制
广州市政府大院	市级	广州市政府大院改造规划	三级工程	1996年度广州市第八次优秀工程设计二等奖	1996年度广东省城镇优秀规划设计表扬奖		文物保护规划编制
广州西关传统街区	市级	广州西关传统街区与荔湾风情保护规划	三级工程	2004年度广州市城乡规划设计优秀项目三等奖			文物保护规划编制
上下九—第十甫历史文化街区	市级	上下九—第十甫历史文化街区紫线修订（2013）	三级工程				文物保护规划编制
广州市传统中轴线历史文化街区	市级	传统中轴线历史文化街区紫线修订（2013）	三级工程				文物保护规划编制

续表

文保单位	保护等级	项目名称	工程等级	市级奖项	省级奖项	部级奖项	文物保护工程勘察设计资质类型一
耀华大街历史文化街区	市级	耀华大街历史文化街区保护规划	三级工程				文物保护规划编制
人民南路历史文化街区	市级	人民南路历史文化街区保护规划	三级工程				文物保护规划编制
北京路历史文化街区	市级	北京路历史文化街区紫线修订（2013）	三级工程				文物保护规划编制
逢源大街—荔湾湖历史文化街区	市级	逢源大街—荔湾湖历史文化街区紫线修订（2013）	三级工程				文物保护规划编制
昌华大街历史文化街区	市级	昌华大街历史文化街区保护规划	三级工程				文物保护规划编制
宝源路历史文化街区	市级	宝源路历史文化街区保护规划	三级工程				文物保护规划编制
多宝路历史文化街区	市级	多宝路历史文化街区保护规划	三级工程				文物保护规划编制
宝华路历史文化街区	市级	宝华路历史文化街区保护规划	三级工程				文物保护规划编制
和平中路历史文化街区	市级	和平中路历史文化街区保护规划	三级工程				文物保护规划编制
光复南路历史文化街区	市级	光复南路历史文化街区保护规划	三级工程				文物保护规划编制
光复中路历史文化街区	市级	光复中路历史文化街区保护规划	三级工程				文物保护规划编制
五仙观—怀圣寺—六榕寺	市级	五仙观——怀圣寺——六榕寺历史文化街区（紫线修订，2013）	三级工程				文物保护规划编制
海珠中路历史文化街区	市级	海珠中路历史文化街区保护规划	三级工程				文物保护规划编制
海珠南路长堤历史文化街区	市级	海珠南路长堤历史文化街区（保护规划，进行中）	三级工程				文物保护规划编制
文德南路	市级	文德南路历史文化街区紫线修订（2013）	三级工程				文物保护规划编制
洪德巷	市级	洪德巷历史文化街区紫线修订（2013）	三级工程				文物保护规划编制
	市级	龙骧大街历史文化街区紫线修订（2013）	三级工程				文物保护规划编制
长洲岛	市级	长洲岛历史文化保护区控制性规划	三级工程				文物保护规划编制
佛山市禅城区品字街	市级	佛山市禅城区品字街历史文化街区保护研究	三级工程				文物保护规划编制
小洲村	市级	小洲村历史风貌区保护规划（2009）	三级工程				文物保护规划编制

文保单位	保护等级	项目名称	工程等级	市级奖项	省级奖项	部级奖项	文物保护工程勘察设计资质类型一
莲花山	市级	莲花山历史风貌区保护规划	三级工程				文物保护规划编制
凤院村	市级	凤院村历史风貌区紫线划定	三级工程				文物保护规划编制
	市级	从化市城市节点空间设计—从化市凤院村历史文化名村保护规划	三级工程				文物保护规划编制
木棉村	市级	木棉村历史风貌区紫线划定	三级工程				文物保护规划编制
	市级	从化市城市节点空间设计—从化市木棉村历史文化名村保护规划	三级工程				文物保护规划编制
大墩村	市级	大墩村历史风貌区紫线划定	三级工程				文物保护规划编制
	市级	从化市城市节点空间设计—从化市大墩村历史文化名村保护规划	三级工程				文物保护规划编制
广州市越秀区	市级	广州市越秀区文化遗产普查	三级工程				文物保护规划编制
广州市黄埔滨江新城	市级	广州市黄埔滨江新城控制性详细规划项目文化遗产普查	三级工程				文物保护规划编制
广州市黄埔区	市级	黄埔区文化遗产普查（历史建筑及传统风貌建筑部分）	三级工程				文物保护规划编制
广州市海珠区生态城	市级	广州市海珠区生态城二期范围不可移动文化遗产普查	三级工程				文物保护规划编制
广东财政厅	省级	广东省财政厅大院改建工程地质勘察	三级工程	2000年度广州市优秀工程勘察二等奖	2001年度广东省第八次优秀工程勘察三等奖		近现代重要史迹及代表性建筑
十香园	市级	十香园建筑与景观修复工程	二级工程	2007年度广州市优秀工程二等奖	2007年度广东省优秀工程设计三等奖		古建筑
中共第三次全国代表大会会址	省级	中共第三次全国代表大会会址纪念馆放线测量（广州市文化局）	三级工程				近现代重要史迹及代表性建筑
惠爱医院改造勘察设计	市级	广州市惠爱医院(广州市脑科医院)芳村院区提升改造项目勘察设计	二级工程				近现代重要史迹及代表性建筑
白天鹅宾馆	市级	勘察设计（本院参与）	二级工程			1983年度建设部优秀设计一等奖	近现代重要史迹及代表性建筑
	市级	白天鹅宾馆主楼沉降观测	三级工程		1987年度广东省级优秀工程勘察三等奖		近现代重要史迹及代表性建筑
白云宾馆	市级	勘察设计（本院参与）	二级工程			1976年度建设部部级优秀建筑设计一等奖	近现代重要史迹及代表性建筑
	市级	白云宾馆裙楼改建	三级工程	2004年度广州市优秀工程设计三等奖			近现代重要史迹及代表性建筑

文保单位	保护等级	项目名称	工程等级	市级奖项	省级奖项	部级奖项	文物保护工程勘察设计资质类型一
花园酒店	市级	花园酒店周边社区整治、华乐路延长线环境改造、中马路社区和大马路社区整治	三级工程				近现代重要史迹及代表性建筑
	市级	广州花园酒店装修改造工程	三级工程				近现代重要史迹及代表性建筑
	市级	花园酒店西北区地下车库加建工程	三级工程				近现代重要史迹及代表性建筑
	市级	花园酒店地下车库加电梯及入口改造	三级工程				近现代重要史迹及代表性建筑
	市级	花园酒店城市广场示范工程花园城市广场与地铁五号线淘金站协调规划	三级工程				近现代重要史迹及代表性建筑
	市级	花园大酒店施工图设计阶段工程勘察	三级工程		1987年度广东省优秀工程勘察三等奖		近现代重要史迹及代表性建筑
矿泉别墅	市级	勘察设计（本院参与）	三级工程			1976年度建设部部级优秀建筑设计一等奖1949~2009中国建筑学会建筑创作大奖（矿泉旅舍）	近现代重要史迹及代表性建筑
南园酒家	市级	勘察设计（本院参与）	三级工程				近现代重要史迹及代表性建筑
北园酒家	市级	北园接待厅扩建	三级工程	1990年度广州市优秀工程勘察设计二等奖			近现代重要史迹及代表性建筑
	市级	勘察设计（本院参与）（1957，广州城市建设委员会）	二级工程				近现代重要史迹及代表性建筑
泮溪酒家	市级	勘察设计（本院参与）	三级工程				近现代重要史迹及代表性建筑
	市级	广州市泮溪酒家湖中人行廊道	三级工程				近现代重要史迹及代表性建筑
孙逸仙纪念医院	市级	孙逸仙纪念医院医疗教学楼设计	二级工程	1998年度广州市优秀工程勘察设计三等奖			近现代重要史迹及代表性建筑
	市级	孙逸仙纪念医院医疗教学楼改造工程~加建	三级工程				近现代重要史迹及代表性建筑
天河体育中心	市级	广州天河体育中心网球场综合楼	三级工程				近现代重要史迹及代表性建筑
	市级	天河体育中心网球场综合楼改造工程	三级工程				近现代重要史迹及代表性建筑

续表

文保单位	保护等级	项目名称	工程等级	市级奖项	省级奖项	部级奖项	文物保护工程勘察设计资质类型一
广州市芳村珠江后航道片区	市级	广州珠江后航道近现代工业遗产保护与景观再生－荔湾区芳村"信义会馆"创意产业园滨水景观	三级工程		2002年度广东省优秀工程设计三等奖		近现代重要史迹及代表性建筑
广东省友谊艺术中心	市级	广东省友谊艺术中心	二级工程		1991年度广东省优秀设计评选得表扬		近现代重要史迹及代表性建筑
广州荔枝湾	市级	荔枝湾及周边社区环境综合整治（一期）	二级工程		2011年广东省岭南特色街区金奖		近现代重要史迹及代表性建筑
广州黄埔村	市级	黄埔村整治与保护规划（本院参与）	三级工程				近现代重要史迹及代表性建筑
万木草堂	市级	万木草堂商场设计方案（本院参与）	三级工程				近现代重要史迹及代表性建筑
山庄旅舍	市级	勘察设计（本院参与）（广州市城市规划处）	二级工程				近现代重要史迹及代表性建筑
广州市芳村区聚龙村	市级	广州市芳村区聚龙村修建性详细规划（本院参与）	三级工程				近现代重要史迹及代表性建筑
广州塔影楼	市级	广州塔影楼勘察设计（本院参与）	三级工程				近现代重要史迹及代表性建筑
广州市荔湾	市级	广州市荔湾风情旅游区形象策划（本院参与）	三级工程				近现代重要史迹及代表性建筑
广州市荔湾西关大屋	市级	广州市荔湾西关大屋改造与利用可行性研究（本院参与）	三级工程				近现代重要史迹及代表性建筑
广州宾馆	市级	勘察设计（本院参与）（1973，广州城市规划处）	二级工程				近现代重要史迹及代表性建筑
广州历史建筑	市级	广州历史建筑改造与利用（本院参与）	三级工程				近现代重要史迹及代表性建筑
广州水泥厂	市级	广州水泥厂更新改造概念规划设计（本院参与）	三级工程				近现代重要史迹及代表性建筑

　　广州市城市规划勘测设计研究院创立六十多年来，尤其是改革开放后，参与建设了一大批广州重点项目，部分已经成为各级别的历史保护单位，如白云山庄旅舍、白天鹅宾馆、北园酒家等。

　　我院长期以来积极参与历史传统建筑、历史文化名城、名镇、名村的保护改造开发勘察设计，总计130余项，其中获国家部级奖项10项、省级奖项26项、市级奖项12项，成绩斐然。

跋

　　出于工作的缘故，我有幸能在规划建筑领域领略到传统建筑的独特魅力所在。广州从汉代开始就是一个有规划的城市，是按照《周礼·考工记》中讲的城池选择规则建设的，从出土的公署遗址来看，两千多年没变过位置，这是非常少有的。我院长期以来也非常注重历史建筑的规划，尤其是改革开放以来，我院参与了许多建设项目，曾获国家部级奖项 10 项、省级奖项 26 项、市级奖项 12 项，成绩斐然。部分已列为文物保护单位，如广州矿泉旅舍、白云山庄旅舍等，近期承接了亚洲第一间精神病医院广州惠爱医院改造项目、粤剧红船码头改造项目。我院规划专业也十分重视历史保护规划编制工作，参与广东与周边历史街区保护规划，如国家历史文化名城黄石市总体规划、韶关珠玑古巷综合保护规划、广州传统中轴线总体规划、芳村清末聚龙村修建性详细规划等大小项目百余项。

　　岭南建筑在岁月里沉淀了许多独有的特色，特点之一是"不墨守成规，不落痕迹的中西合璧"，建筑与环境的结合，加上岭南人务实求真的性格造就了今天的岭南人居环境。广州没有气象学意义上的冬天，夏天要隔热，春天要防潮，在这种条件下，良好的隔热通风与遮阳避雨防台风是岭南建筑必须具备的功能，通风在传统建筑上有住宅的布局"三间两廊"、天井通风，如竹筒楼的穿堂风；遮光隔热有夏昌世"夏式遮阳"，既遮阳也美观，如被列入保护文物的聚龙村建筑群就可以充分体现出这些建筑风格与特点。

　　广州城市建设近年的发展有得有失，在优秀近现代历史建筑、传统乡土建筑日渐被破坏荒置的环境下，我院希望能够通过编撰此书稿，为保护岭南建筑文化略尽绵力。本书编撰不易，在此我要感谢各界领导的支持协助、编撰团队辛勤付出与规划院档案室对档案保存工作的兢兢业业。由于时代变迁，许多资料难免存在疏漏，祈求专家读者雅正。

广州市城市规划勘测设计研究院院长

图书在版编目（CIP）数据

历史文化保护名录工程勘察设计项目实录 1957-2015 / 广州市城市规划
勘测设计研究院编 . —北京：中国建筑工业出版社，2019.6
ISBN 978-7-112-23444-8

Ⅰ.①历… Ⅱ.①广… Ⅲ.①城市规划—工程勘测—广州—1957-2015
Ⅳ.①TU984.265.1

中国版本图书馆CIP数据核字（2019）第044297号

广州市城市规划勘测设计研究院创立六十多年来，尤其是改革开放后参与建设了一大批广州重点项目，部分已经成为各级别的历史保护单位，如白云山庄旅舍、白天鹅宾馆、北园酒家等。并长期以来积极参与历史传统建筑、历史文化名城、名镇、名村的保护改造开发勘察设计，总计130余项，其中获国家部级奖项10项、省级奖项26项、市级奖项12项。本书为对过往所做项目的整理和整合。本书中所收录的大部分项目为广州地区的标志性建筑和优秀的规划项目，对这类建筑工程和优秀规划实例的整合，对广州的建设与发展具有一定的引导作用，保护历史文化建筑，把建筑和规划与文化相结合起来，展现城市的魅力和价值。

责任编辑：孙书妍
责任校对：王　烨

历史文化保护名录工程勘察设计项目实录　1957-2015
广州市城市规划勘测设计研究院　编
＊
中国建筑工业出版社出版、发行（北京海淀三里河路9号）
各地新华书店、建筑书店经销
北京点击世代文化传媒有限公司制版
北京富诚彩色印刷有限公司印刷
＊
开本：787×1092毫米　1/12　印张：16　字数：260千字
2019年6月第一版　2019年6月第一次印刷
定价：278.00元
ISBN 978-7-112-23444-8
　　（33751）